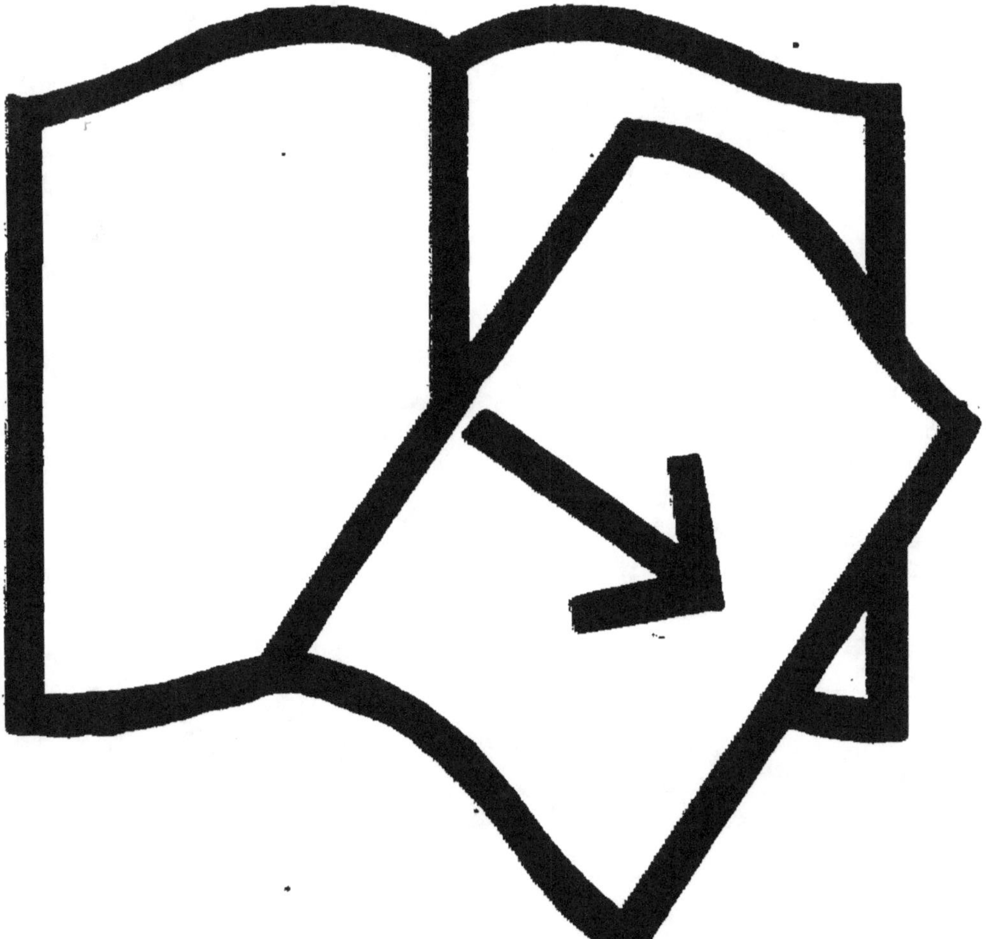

Couvertures supérieure et inférieure
manquantes

QUINZE JOURS EN BOURGOGNE

Par M. A. DEVAUX

Membre de la Société Nationale Havraise
d'Études diverses

HAVRE

IMPRIMERIE LEPELLETIER

1875

GROTTES D'ARCY-SUR-CURE (Yonne)

Chambre de la Vierge

QUINZE JOURS EN BOURGOGNE

——∼∽∞∼——

..... Quiconque ne voit guère
N'a guère à dire aussi.
(LAFONTAINE. Fable II. L. IX.)

I.

Je m'étais toujours proposé, dans mes études artistiques ou archéologiques, de ne parler de ce qui pourrait vous intéresser qu'au point de vue de la Normandie.

L'histoire artistique de cette belle province a été souvent écrite; et cependant il reste toujours beaucoup à dire. Que d'endroits peu ou point connus! Que de faits oubliés! Que de vieux monuments! Que de ruines qui menacent chaque jour de disparaitre et qui n'ont pas été décrites! Que de splendides paysages que le pinceau de l'artiste n'a point encore reproduits! On peut le dire, le voile qui recouvre le passé de la Normandie n'a été que faiblement soulevé...

Cette fois pourtant je serai infidèle au projet que j'avais formé; je ne vous parlerai que bien peu de notre belle Normandie. Elle n'en sera pas moins souvent rappelée, parce que, dans tous les lieux que nous allons parcourir et étudier, nous serons toujours plus ou moins rapprochés de la Seine ou de l'un de ses affluents.

« La Seine, disait un personnage célèbre de ce siècle, « est le boulevard qui relie le Havre à Paris. » C'est plus que jamais vrai.

Je parlerai donc un peu de la Seine et de quelques pays qu'elle arrose et fertilise ; mais en remontant son cours, pour arriver jusqu'au fond de la Bourgogne, car c'est surtout de cette province si riche et si pittoresque que je veux vous entretenir.

J'avais quitté le Havre sur le bateau à vapeur de Rouen. Depuis longtemps je désirais faire le court trajet qui nous sépare de la capitale de la Normandie, en suivant les rives si remarquables de la Seine. J'engage les artistes et les amateurs de beaux sites à entreprendre ce ravissant voyage ; ils ne regretteront pas les six heures passées sur le pont du steamer.

En approchant de Rouen on est vivement frappé par le spectacle grandiose qui s'offre aux regards. La ville s'élève du sein des eaux, comme une autre Venise. J'ai rarement vu un paysage aussi beau, aussi complet.

Nous traversons Rouen rapidement, remettant à un autre temps l'examen de tout ce que la vieille capitale des Véliocasses renferme de chefs-d'œuvre artistiques.

Mais nous ne cessons d'admirer les rives de la Seine. C'est Elbeuf, dont le pied baigne dans le beau fleuve ; c'est Gaillon avec les ruines de son vieux château ; c'est le petit Andely avec ses belles falaises. Là naquit Nicolas Poussin, peintre célèbre dont la Normandie et toute la France s'enorgueillissent à juste titre.

Décrirai-je Mantes, surnommée la jolie, si coquettement assise sur les bords de la Seine?... Non, car toute cette belle route est bien connue ; et puis, que serais-je capable de dire après tout ce qu'en a raconté d'une façon si charmante mon ami Jules Bailliard dans ses intéressantes conférences ?

Nous traversons Paris sans nous y arrêter. Que n'a-t-on pas dit sur cette ville unique dans le monde? que reste-t-il à en dire? Beaucoup trop de choses pour que je me lance dans un pareil sujet à propos d'une excursion en Bourgogne. J'ai habité Paris pendant vingt-cinq années; je l'ai vu en détail, je l'ai étudié avec soin, et j'ai découvert que Paris n'était point connu.

En quittant la capitale de la France, et peut-être du monde, par la porte de Charenton, nous traversons plusieurs fois une rivière très importante, très pittoresque et bien connue des Parisiens pour ses frais ombrages et ses bonnes fritures... C'est la Marne, affluent de la Seine. A travers de belles campagnes et parmi de charmantes villas, le train nous emporte à toute vapeur jusqu'à la station de Lieusaint. De là nous faisons trois kilomètres à pied sur un des hauts plateaux de la Brie, et nous allons saluer la respectable châtelaine du Plessis-Picard, dont la noblesse et le cœur sont toujours d'accord pour vous offrir la plus généreuse hospitalité.

Faisons le tour du parc et rappelons-nous que sur la route qui longe ce parc se passa, à la fin du siècle dernier, un épouvantable drame, représenté souvent encore sur les théâtres de Paris ou de la province; je veux parler de l'assassinat du «Courrier de Lyon.» Ce souvenir est toujours dans la mémoire des habitants du pays. J'ai parlé à des vieillards qui se rappellent parfaitement avoir vu, à l'un des angles du mur d'enceinte, une des victimes baignée dans son sang.

Le Plessis-Picard n'est qu'à huit kilomètres de Melun. Nous ferons cette route à pied en traversant le parc, et, si nous éprouvons un peu de fatigue, nous en serons dédommagés en étudiant quelques unes des fleurs champêtres qui foisonnent dans ce lieu charmant.

C'est d'abord la salicaire, prototype de la famille des salicariées. La fleur de cette plante majestueuse est d'un rouge très vif, et produit un effet des plus pittoresques parmi les végétaux qui décorent le pourtour des étangs et le bord des rivières.

C'est ensuite le sceau de Salomon, de la famille des asparaginées. Il rappelle dans son aspect général le muguet aimé des Parisiens, et donne à la fin de l'été une petite baie du plus beau noir.

C'est encore le polygala, type des polygalées. Cette herbe mignonne produit un très bel effet sur les pelouses de nos collines et dans les prés, où elle brille par ses fleurs de couleurs très variées. La plus commune est violacée. Elle abonde dans la forêt de Fontainebleau.

Les souvenirs laissés par la flore du parc du Plessis-Picard occupent agréablement notre esprit jusqu'à Melun, chef-lieu du département de Seine-et-Marne.

Cette ville, qui ne compte que dix à onze mille habitants, est située sur une île et sur les deux rives de la Seine.

Elle est très ancienne, car il est certain qu'elle existait au temps de Jules César et que Labiénus s'en empara 52 ans avant J.-C. Le conquérant des Gaules en fit une station militaire.

Son histoire est des plus intéressantes ; mais il serait trop long de la rapporter ici, même en se bornant aux événements les plus remarquables. Je dirai seulement deux mots des églises.

Melun possédait autrefois plusieurs paroisses, qui actuellement sont réduites à deux : Saint-Aspais sur la rive droite de la Seine, et Notre-Dame en l'île.

La fondation de cette dernière remonte au temps de Clovis, mais de son antiquité il ne reste aucun vestige. L'Eglise actuelle appartient au xve siècle. La tour seule-

ment est très ornementée ainsi que tous les monuments
de cette belle époque, où l'art réellement religieux jetait
son dernier éclat.

Parmi les hommes illustres dont Melun peut à juste
titre se glorifier, on distingue Philippe-Auguste et Jacques Amyot.

Celui-ci naquit le 30 Octobre 1513, de parents très
pauvres. Il vint à Paris lorsqu'il était encore très jeune,
et chaque semaine sa mère lui envoyait un pain *pour le
soutenir dans ses études*. C'est lui-même qui raconte ce
fait dans ses œuvres. Il travailla beaucoup et ses travaux
furent couronnés de succès. François Ier se l'attacha, et
les trois fils de Henri II l'eurent pour précepteur. Plus
tard il devint évêque d'Auxerre, où il mourut à l'âge de
quatre-vingts ans, laissant des ouvrages très remarquables. Sa traduction des *Hommes Célèbres* de Plutarque
est particulièrement estimée.

Le train que nous reprenons à Melun nous emmène rapidement vers Fontainebleau.

Nous ferons un très court séjour dans cette ravissante
petite ville, afin d'y serrer la main à mon excellent ami
Augustin Savard, professeur distingué au Conservatoire
de Musique à Paris. Il passe là, au milieu d'une charmante et affectueuse famille, les quelques jours de liberté
que lui laissent de nombreuses occupations.

On ne peut se promener dans la splendide forêt qui entoure la ville sans être affligé de la profanation dont elle
est l'objet depuis 1870. Aujourd'hui encore, sous le pré-
texte de récolter le bois mort accordé aux pauvres de la
ville et des environs, de misérables dévastateurs coupent
les jeunes arbres à leur base afin que le moindre coup de
vent les jette par terre. Il serait temps d'apporter une
répression sévère à un tel vandalisme, en considérant non
seulement l'atteinte portée aux satisfactions esthétiques,

mais aussi la pénurie où la France se trouve sous le rapport du combustible.

En quittant Fontainebleau, on traverse les deux petites villes de Thomery et Moret, où se récoltent ces délicieuses grappes de raisin connues sous le nom de « Chasselas de Fontainebleau. »

Nous arrivons à Montereau, et en rappelant nos souvenirs nous jugeons cette petite ville du département de Seine-et-Marne digne de quelques heures d'examen.

II.

Nous avons rapidement franchi la distance qui sépare le Havre de Montereau. Nous allons maintenant ralentir notre course afin de donner une plus grande attention aux contrées et aux monuments que nous nous proposons de visiter, d'étudier et de décrire.

Les souvenirs historiques ne nous occuperont pas exclusivement. Dans un pays aussi riche et aussi varié les productions de la nature réclament aussi une large part d'attention.

A Montereau la Seine disparaît de notre route pour un peu de temps, jusqu'à ce que nous allions la visiter à son berceau.

A son passage dans la ville que je viens de nommer, la Seine s'empare de l'Yonne et l'entraîne avec elle pour la livrer à son vieil époux l'Océan, qui lui donne pour lit nuptial — ainsi qu'à tant d'autres — la profondeur de l'abime.

L'intimité de ces deux nymphes semble plus sincère que celle qui présida à l'entrevue, sur le pont de Montereau, du dauphin Charles et du duc de Bourgogne Jean-sans-Peur. Ils s'y étaient donné rendez-vous en 1419 pour y cimenter par une accolade fraternelle une réconciliation qui ne devait aboutir qu'à un assassinat. Au lieu indiqué

et à l'heure fixée Jean-sans-Peur trouva Tanneguy Du-
châtel et la mort. Longtemps on a lu sur le vieux pont
ces rimes naïves :

> L'an mil quatre cent dix-neuf,
> Sur ce pont agencé de neuf,
> Fut meurtré Jean de Bourgogne
> A Montereau où faut l'Yonne.

L'année suivante le duc de Bourgogne Philippe-le-
Bon, fils du duc assassiné, s'empara de Montereau, qui
resta huit années au pouvoir des Bourguignons et des
Anglais. La ville fut reprise après un long siége par
Charles VII avec le secours de Chabannes et Dunois.

L'Église, du XIVe siècle, n'a rien de bien remarquable.
La ville est dominée par une montagne peu élevée, au
sommet de laquelle est un château tout-à-fait moderne.

Peu de temps après avoir quitté Montereau, nous en-
trons dans le département de l'Yonne.

Rien n'est pittoresque comme toute cette route qui
conduit à Pont-sur-Yonne, puis à Sens, chef-lieu ecclésiastique du département. Cette dernière ville est située
dans une magnifique position, sur la rive droite de l'Yonne,
un peu au-dessous de son confluent avec la Vannes. La
petite rivière de Vannes, très poétique d'aspect, a en outre
le grand honneur de fournir aux Parisiens une boisson
saine et abondante. *Miscuit utile dulci.*

Les rues et les promenades de la ville de Sens sont très
belles. On voit encore des fragments de murailles dont la
base est tout à fait romaine.

Les principaux édifices de cette vieille cité sont : la
cathédrale commencée en 972 par l'évêque Anastase et
terminée seulement sous Philippe de Valois... Mais le
temps beaucoup trop court dont je pouvais disposer ne m'a
pas permis d'étudier en détail ce magnifique monument,

non plus que l'église Saint-Savinien et la chapelle de l'Hôtel-Dieu. Je ne pouvais qu'évoquer des souvenirs glorieux.

Le peuple de ce canton fournit son contingent d'hommes à cette fameuse expédition qui, en 388 ans avant l'ère chrétienne, parcourait victorieuse la Grèce et l'Italie et rançonnait la future capitale du monde.

L'établissement du Christianisme donna un nouvel éclat au pays. La foi nouvelle y avait été apportée par saint Savinien et saint Potentien, qui en furent les premiers évêques.

A Sens eut lieu en 1140 ce fameux concile où se décida la querelle entre saint Bernard et Abailard. Les nombreux disciples du philosophe l'avaient accompagné et campaient au nombre de plusieurs milliers dans les rues et sur les places de la ville. Le philosophe breton fut terrassé par son adversaire.

Ce concile n'est pas le seul qui ait été tenu à Sens. Depuis la dépossession des anciens seigneurs, la ville était devenue un centre presque exclusivement religieux. C'est là que le pape Alexandre III, et plus tard Thomas Becket, archevêque de Cantorbéry, vinrent chercher un asile.

En 1789 cette cité, encore très importante, possédait quatorze paroisses, indépendamment de la cathédrale, quatre abbayes d'hommes, une de filles, cinq couvents de religieux, trois de religieuses, un collége, un séminaire et trois hôpitaux.

On a réuni dans la bibliothèque publique et le musée du collége les précieuses collections que possédaient autrefois les couvents et les abbayes. C'est là que se trouve le curieux manuscrit contenant l'office des fous et la prose de l'âne jadis chantée pendant les fêtes de Noël.

Mais il me faut déjà me rendre à la gare afin de prendre le train qui doit me conduire à Auxerre. A deux kilomètres de la ville, je me retourne pour dire adieu à Sens, et j'admire un des plus beaux paysages que puisse rêver l'imagination.

La route qui mène à Auxerre traverse Villeneuve-sur-Yonne, Saint-Julien, Joigny, etc. On arrive ensuite à la Roche. Là il faut attendre un assez long temps pour prendre le train spécial qui mène à Auxerre.

Et cependant j'avais hâte de faire mon entrée dans cette dernière ville, car là je devais rencontrer un compagnon de route, M. Renard, géologue distingué du département de la Côte-d'Or, dont la bonne amitié et les connaissances variées devaient donner tant d'agrément et rendre si fructueux mon séjour en Bourgogne.

Nous ne tardâmes pas à nous rejoindre, car la distance qui sépare la Roche d'Auxerre est très courte.

Nous allâmes nous installer à Augy, où la jeune famille de mon ami était installée depuis plusieurs jours dans la maison d'un parent. Là nous reçumes la plus cordiale hospitalité. On peut dire de la Bourgogne, comme j'ai pu m'en convaincre pendant les quinze jours que j'y ai passés, ce que Scribe nous dit de l'Ecosse :

> Chez les montagnards écossais
> L'hospitalité se donne,
> Et ne se vend jamais !

III.

Augy est un petit village situé à la porte d'Auxerre, il n'a rien de remarquable que sa belle situation sur les bords de l'Yonne, très large en cet endroit et encadrée de bois magnifiques. Dans cette région les vignes sont cultivées avec beaucoup, peut-être avec trop de soin. Les ceps sont taillés de bonne heure, et la sève, montant aux premières chaleurs, forme des boutons qui sont très souvent victimes des gelées tardives ; ainsi se trouve compromise la naissance du raisin. On a remarqué que les vignerons qui s'occupaient le moins de leurs vignes, sans toutefois pousser trop loin la négligence, obtenaient les meilleures récoltes.

Les pommiers et le houblon vivent dans ce bienheureux pays en très bonne harmonie. J'ai vu aussi sur un pommier la vigne et le houblon mêler leur rameaux.

Les fleurs sont nombreuses et variées sur les bords de la rivière. C'est d'abord l'eupatoire, de la famille des composées. L'eupatoire est au nombre de ces jolies plantes qui embellissent le contour des étangs et des lacs. On la trouve aussi parmi les touffes fleuries au milieu desquelles s'écoulent lentement les eaux des marais. Elle contribue à la décoration de ces lieux par ses fleurs agréablement nuancées de pourpre, de blanc et de rose. Ses feuilles passent pour vulnéraires et apéritives.

Nous remarquons encore l'origan vulgaire, dont les fleurs labiées ont des qualités tout-à-fait aromatiques et toniques. Quelques personnes à ma connaissance se servent des feuilles en infusion théiforme. Les moutons et les chèvres sont très friands de ce feuillage.

Les haies des environs d'Auxerre sont généralement formées par le lyciet, de la famille des solanées. Les rameaux de cette plante sont longs, très nombreux, souples et pendants ; l'écorce blanche ; les épines courtes et faibles ; les feuilles lancéolées ; les fleurs pédonculées ; le calice court ; la corolle blanchâtre ou un peu purpurine ; les baies rouges.

Les peupliers trembles sont très nombreux sur les bords de l'Yonne ; j'en ai vu rarement d'aussi beaux, d'aussi touffus que ceux qui avoisinent le *Perthuis* à Augy.

Ce fut en suivant cette belle rivière que nous arrivâmes à Auxerre.

C'était un jour de marché, et cette circonstance donnait à la ville une sorte d'animation, mais pour peu de temps, car les marchés eux-mêmes ne sont plus ce qu'ils étaient autrefois.

Cette ville d'Auxerre, encore belle et intéressante à voir malgré les ruines que le temps, les révolutions et les hommes y ont accumulées, existait longtemps avant l'établissement du Christianisme, puisque les Romains, en venant s'établir dans ce pays, la trouvèrent déjà florissante. Deux voies romaines furent construites pour la rattacher à Sens et à Autun.

Saint Pèlerin, envoyé par le Pape Sixte II, fut le premier apôtre qui apporta dans le pays les lumières de l'Evangile, vers le milieu du IIIe siècle. Les progrès de la religion nouvelle y furent très rapides puisque saint Germain, auquel on doit l'établissement de plusieurs églises, et qui vivait avant l'invasion d'Attila, était déjà le sixième évêque du diocèse.

Aux Huns, qui saccagèrent seulement les faubourgs de la ville, succédèrent les Bourguignons, qui se fixèrent dans la contrée ; mais, par un arrangement qui s'établit entre les Romains et les nouveaux conquérants, la ville d'Auxerre resta au pouvoir de ses anciens possesseurs, de sorte que, après les victoires des Francs, elle passa directement des mains des Romains entre celles de Clovis. Dans le partage qui suivit la mort du fondateur de la monarchie franque, en 566, Auxerre échut à Gontran, qui fut aussi roi de Bourgogne. Il constitua Auxerre en comté.

Dans l'année 429, Germain, évêque de cette ville, et l'évêque de Troyes quittèrent Auxerre et se dirigèrent vers la Grande-Bretagne, où les appelait le Pape, afin d'y combattre l'hérésie de Pélage. Dieu bénit leurs efforts:

l'hérésie fut détruite tant par l'exemple des deux saints évêques que par la force des arguments... En revenant dans le pays des Francs, saint Germain et saint Loup s'arrêtèrent en un lieu tout voisin de Lutèce (Paris) appelé Nanterre. Ils se rendirent à l'église du lieu, où ils furent suivis par un grand nombre de fidèles, heureux de contempler ces ministres de Dieu et de recevoir leur instruction. Dans cette foule Germain remarqua une jeune fille ; une lumière d'en haut l'illumina subitement et lui fit voir dans cette enfant un être prédestiné pour l'accomplissement de grandes choses. Il la fit venir près de lui, et, lui imposant les mains, il la consacra tout particulièrement à Dieu. Il lui remit en même temps une médaille qu'elle conserva toujours.

Cette jeune fille était Geneviève.

Plus tard, habitante de Lutèce, elle devint l'amie de la femme de Clovis, et la grâce de Dieu s'introduisit dans le palais du roi franc avec cette jeune et pure vierge.

Clovis, pressé par Clotilde de se faire chrétien, résista longtemps ; mais la guérison miraculeuse de son enfant commença à l'ébranler. Ce fut à la bataille de Tolbiac qu'il jura de se faire baptiser si le Dieu que Clotilde adorait lui donnait la victoire.

Les ennemis furent battus, et Clovis vint à Reims recevoir le baptême avec ses leudes. C'est à cette occasion que saint Remy, en lui donnant l'onction sainte, prononça ces mémorables et prophétiques paroles : « Reçois l'in-
» vestiture comme roi des Francs ; ton royaume devien-
» dra le plus beau royaume de la terre, et il subsistera
» jusqu'à la fin du monde : Dieu l'a formé pour l'accom-
» plissement de ses desseins. »

La conversion de Clovis fut un grand événement, un événement heureux pour la France, qui ne tarda pas à devenir la première puissance de l'Europe.

Aujourd'hui encore notre patrie, malgré tous ses malheurs, conserve toujours cette force intellectuelle qui lui rendra sans doute avant peu le rang assigné par saint Remy.

Auxerre possède plusieurs églises très remarquables. C'est d'abord Saint-Germain, qui mériterait une longue description tant pour son architecture extérieure que pour ses cryptes. Celles-ci remontent au IXe siècle. Elles sont parfaitement conservées ; mais il est bien déplorable que le mauvais goût du XVIIe siècle soit venu badigeonner les murs, les colonnes et les cintres avec des dessins *polychromiques* du plus détestable effet. Il est impossible d'y trouver le recueillement, tant on est désagréablement affecté par ces mauvaises décorations... Parmi les nombreux évêques qui reposent sous ces voûtes imposantes, on compte le saint illustre dont l'église porte le nom.

La cathédrale, dédiée à saint Etienne, est un édifice commencé au XIIIe siècle, mais achevé seulement au XVIe. Chaque époque ayant donné son caractère propre à cette église, il en résulte un certain désaccord qui choque les yeux de l'artiste. La crypte renferme le tombeau et la statue de Jacques Amyot.

L'église de Saint-Eusèbe n'est remarquable que par sa belle tour romane.

Saint-Pierre possède un portail du XVIe siècle d'un assez beau style.

Lorsque j'ai visité ces églises, les *badigeonneurs* étaient occupés à blanchir les murs, les piliers, les colonnes et les chapiteaux, et, pour agrémenter leur œuvre, ils marquaient avec un beau noir, bien profond, de deux centimètres de largeur, les divisions formées par les assises de pierre... Combien cette décoration est harmonieuse ! Il n'y a donc pas à Auxerre de Société archéologique ?...

Le vieux palais épiscopal est occupé maintenant par la demeure du préfet et par les bureaux de son administration.

L'horloge, établie sur une ancienne porte, surmontée d'une tour, dite tour Gaillarde, est contiguë au château des ducs de Bourgogne.

Auxerre est situé sur le sommet et sur le penchant d'une colline qui s'abaisse jusqu'au bord de l'Yonne. Un port commode et très fréquenté y a été creusé en face d'une ile ombragée d'arbres et bordée de moulins, ce qui lui donne un aspect des plus pittoresques. Une enceinte d'agréables boulevards entoure la ville, et forme un arc dont la rivière serait la corde. Quoique le sol soit inégal, les rues sont larges et d'un accès facile.

Parmi les personnages illustres qui ont pris naissance à Auxerre, on cite un moine qui inventa en 1591 l'affreux instrument de musique appelé *serpent*, instrument encore en usage dans un grand nombre d'églises. Le nom de l'inventeur est du reste oublié. C'est aussi dans cette ville qu'est né notre ancien collègue, M. Alfred Espinasse, aujourd'hui professeur de philosophie à Dijon. Pendant mon séjour en Bourgogne j'ai fait, pour le voir, deux tentatives infructueuses.

De retour à Augy, nous primes le train à une station voisine nommée Champs. Moins d'une demi-heure après nous descendions à Cravant.

Cravant n'est plus qu'un bourg, mais c'était autrefois une imposante place de guerre. Il reste encore quelques ruines assez importantes de ses fortifications. Sa position au confluent de l'Yonne et de la Cure, sa fertilité, la juste renommée de ses vignobles avaient excité l'envie des Anglais et des Bourguignons. On se souvient encore de la bataille qui fut livrée là en 1423. Les Anglais, alliés aux Bourguignons, disputaient le pays aux Armagnacs et

aux troupes de Charles VII. L'armée royale cherchait à
reprendre Cravant, dont les Bourguignons s'étaient
emparés. La bataille s'engagea près du pont de Coulanges-
la-Vineuse. On se battit fort et longtemps. Les ennemis,
commandés par le maréchal de Chastellux, perdirent 1,200
hommes, presque tous Ecossais; mais les Armagnacs, as-
saillis à la fois par les Anglais et les Bourguignons sortis
de Cravant, furent écrasés, et laissèrent aux mains de
leurs adversaires, parmi les nombreux prisonniers, le
sire de Gamaches, Xaintrailles et Jean Stuart. Après cette
victoire, qui eut pour résultat d'empêcher la jonction des
Armagnacs avec les troupes de Charles VII, Anglais et
Bourguignons rentrèrent dans la ville, où, dit une vieille
chronique, *ils remercièrent Dieu ensemble, en grande
joie et bon accord.*

L'église, dont la majeure partie date du XVe siècle, ne
manque pas d'élégance.

A Cravant nous laissâmes le train suivre sa voie dans
la direction du sud ; et nous nous entassâmes sous la bâche
d'une misérable voiture publique, où pendant plus d'une
heure nous souffrîmes tout ce que la chaleur et le manque
d'air pouvaient nous donner à souffrir. N'en pouvant plus,
nous descendîmes tout près de Vermenton, chef-lieu de
canton assez agréable, occupant une riante position sur
les bords de la Cure.

Cette petite ville a une origine fort ancienne ; elle est
citée comme place importante dès le Xe siècle. Deux abbayes
très remarquables existaient aux environs : celle de
Rigny, de l'ordre de Citeaux, fondée vers 1218, et celle
de Crisenon, dont les premiers fondements furent jetés
par Alix, fille de Hugues Capet et femme de Renaud.
comte de Nevers et d'Auxerre. Consacré à Saint Benoit,
le couvent fut d'abord habité par des moines, mais sa
célébrité date du XIIe siècle, et à cette époque il servait
de retraite à plus de cent religieuses bénédictines.
Vermenton a conservé du même temps une église remar-

quable ; le portail est orné de sculptures de la fin de l'époque romane d'un très beau travail, et la tour, dans le style roman pur, doit être fort appréciée par les archéologues.

De Vermenton, nous nous dirigeâmes vers Voutenay, que traverse la Cure. Voutenay est un village de peu d'importance, mais d'une grande antiquité. Lorsque j'y passai on y remuait la terre d'un ancien cimetière, dont les cercueils en pierre devaient remonter au vi^e siècle. De Voutenay on commence à apercevoir la montagne où est bâtie la ville si célèbre de Vézelay, but de notre voyage.

Mon compagnon de route ne pouvait se déterminer à continuer son chemin ; Voutenay avait pour lui un charme tout particulier. Dans ce village il avait connu celle qui devait être la compagne de son pèlerinage en ce monde. Il me montrait les divers lieux où ils s'étaient promenés ensemble. Les prairies qui bordent les rives de la Cure avaient été les témoins et les confidents de leurs causeries intimes. Ils avaient parcouru avec une douce joie toutes les parties si pittoresques de ce beau pays, à cet âge où tout est bonheur, parce que tout est espoir.

> C'est ici que souvent errants dans les prairies,
> Ma main des fleurs les plus jolies
> Lui faisait des présents, etc.
> . . . .

a dit Nicolas Boileau dans une de ses plus poétiques chansons.

Combien l'on aime à feuilleter le livre du passé, surtout quand ce passé a donné toute une vie de bonheur au milieu d'une famille chérie....

Ce fut tout en causant de ces choses si intimes que nous atteignîmes le petit village de Sermizelles.

Il était presque nuit lorsque nous y entrâmes ; aussi nous le traversâmes sans nous y arrêter. Du reste, il n'y a rien à voir, si ce n'est quelques jolis intérieurs de ferme que les artistes aiment à reproduire sur la toile.

Il nous restait encore deux lieues à faire pour arriver à Vézelay, et c'était la partie la plus rude de notre excursion. Nous étions déjà fatigués par le chemin parcouru depuis le matin, et nous avions hâte d'être arrivés afin de nous reposer un peu ; d'ailleurs la route ne nous offrait plus aucun charme : il faisait nuit noire.

Nous laissâmes Asquins et Saint-Père sur notre gauche, nous promettant de les revoir le lendemain.

Un dernier et pénible effort nous fit gravir la montagne, et bientôt nous nous trouvâmes installés confortablement dans la salle à manger de l'*Hôtel de la Poste*. Après y avoir soupé, nous fûmes conduits dans les chambres où nous devions passer la nuit.

Le lendemain de très bonne heure nous fûmes sur pied pour commencer notre promenade artistique à travers les rues de Vézelay, qui toutes ont un souvenir historique.

Nous avions eu la précaution de prendre avec nous quelques auteurs bien connus pour nous renseigner sur l'histoire de cette petite ville. Augustin Thierry nous a rendu les plus grands services. Dans ses *Lettres sur l'Histoire de France* il parle longuement de Vézelay dans un style très mouvementé et parfois très dramatique. Les *Archives de la Commission des Monuments historiques* nous ont aussi donné les plus utiles et les plus précieux renseignements.

On suppose que l'origine de Vézelay remonte au temps de l'autonomie gauloise, et, si l'on examine les avantages de sa position au point de vue militaire, on peut croire qu'il a existé en ce lieu un oppidum gaulois faisant partie de la république éduenne. Quelques antiquités rappellent l'occupation romaine.

Du reste, cette ville n'apparait dans l'histoire que vers le milieu du IXe siècle. Hugues de Poitiers, son plus ancien chroniqueur, nous apprend qu'en 838 c'était une forteresse (*castellum*), que Judith, seconde femme de l'empereur Louis-le-Débonnaire, donna en échange au comte Gerhard de Roussillon. Ce dernier peut être considéré comme le fondateur d'un monastère de filles établi sous la règle de saint Benoît.

Selon un vieil historien du IXe siècle, les Normands avaient déjà fait leur apparition dans ce pays, brûlant et saccageant tout, cependant laissant de temps en temps quelque répit. Pendant ces jours de tranquillité on ne voyait au château de la montagne que fêtes et tournois.

« Le fils du comte Gerhard de Roussillon s'élevait au
» bruit des armes, et sa sœur (Eve), aussi belle, aussi
» vertueuse que sa mère, attirait foule de chevaliers,
» qui tous briguaient l'honneur de l'obtenir. Parmi ces
» chevaliers, Orderic, son frère, avait choisi deux amis :
» Rotald et Ebroïn. L'un d'eux avait su toucher le cœur
» d'Eve, et le jour des fiançailles avait été désigné, lors-
» qu'un écuyer, tout haletant, vint annoncer que, près
» des murs du château, deux chevaliers s'étaient battus
» en duel, et que l'un d'eux était resté sans vie.

» Présente à ce récit, un pressentiment empêcha Eve
» de questionner l'écuyer; elle ne doutait pas de la va-
» leur de Rotald, mais elle redoutait le caractère impé-
» tueux d'Ebroïn. Plus elle s'effraie, plus elle se persuade
» que ce dernier est vainqueur; et bientôt elle en acquiert
» la certitude, quand les gens du comte reviennent char-
» gés de la dépouille mortelle du seigneur Rotald.

» A peine son corps est-il déposé dans la chapelle, que

» la fille de Gerhard a disparu. Renfermée dans son ora-
· toire, elle ne répand aucune larme ; mais sa superbe
» chevelure n'orne plus sa tête ; une longue robe d'éta-
» mine a remplacé les ornements du siècle ; le voile mys-
» térieux, double symbole de la virginité et de la religion,
» annonce une détermination irrévocable, et son œil fixe
» la poussière du monde, tandis que son âme s'élance
» vers le ciel. Gerhard la trouve dans cet état. Combattre
» sa résolution serait abréger ses jours... Eve est morte
» pour le monde; elle veut fuir, et supplie le comte de
» lui accorder une retraite où elle puisse marcher à l'en-
» contre des douleurs, ne voyant que l'excès de sa gloire
» dans l'excès de ses souffrances. (1) »

Telle serait l'origine du monastère de Vézelay-sur-
Chore, ou Saint-Père, ou Vézelay-le-Bas, dont elle fut
abbesse.

Fort peu de temps après sa fondation, ce monastère fut
saccagé et brûlé par les Normands (2). Cette catastrophe
obligea Gerhard à le rebâtir dans un lieu plus sûr et à
l'abri des murs d'une forteresse. Il choisit l'enceinte même
du *castrum* de Vézelay, au sommet de la montagne ; et
comme des religieuses auraient été peu convenablement
logées dans une place de guerre, Gerhard, tout en con-
servant le monastère à l'ordre de saint Benoît, remplaça
les religieuses par des moines. Il se défit en leur faveur
de tous ses droits seigneuriaux, et voulut que la nouvelle
abbaye ne dépendît d'aucune autre juridiction que celle
du Pape. La première église du château de Vézelay fut
bâtie sous l'invocation de saint Pierre et de saint Paul.
On ne peut se faire une idée aujourd'hui, d'après tous les

---

(1) Extrait des *Souvenirs de Vézelay*, par M. Auguste Hélie.

(2) Leur première victime à Saint-Père fut Orderic, qui était accouru
pour défendre sa sœur. Celle-ci fut à son tour immolée après avoir subi
les outrages des ennemis, et vu périr près d'elle tous ceux qui l'entou-
raient.

renseignements que j'ai puisés dans divers auteurs, de la disposition de cet édifice, dont quelques chapiteaux se voient encore dans la nef actuelle. Les architectes du moyen âge avaient l'habitude d'employer dans leurs constructions nouvelles les pierres sculptées provenant des monuments détruits. En les faisant servir à la décoration des nouveaux édifices, ils perpétuaient la première pensée inspiratrice de l'œuvre.

Gerhard de Roussillon mourut en 890.

En 907, Vézelay fut brûlé et saccagé par les Normands, ainsi que l'église et l'abbaye.

L'église actuelle, ou du moins la nef, fut, selon toute probabilité, commencée vers le milieu du XIᵉ siècle. La dédicace eut lieu en 1104.

Cette place de guerre, sans importance réelle, devint alors une petite république monacale, indépendante de toute autorité civile ou ecclésiastique, hors celle du saint Siége, sous laquelle l'avait placée le comte, du consentement de l'Empereur (1).

Ce privilége excita la jalousie du comte de Nevers, dans le comté duquel Vézelay était placé. Ce fut là, pour le monastère et ses habitants, une source intarissable de tracasseries et de persécutions. Les moines tentèrent de se soustraire aux vexations du comte de Nevers ; ils réussirent, et leur adversaire, poussé dans une mauvaise voie par un intrigant, ne tarda pas à voir tourner contre lui toutes ses déloyales machinations.

Les habitants de Vézelay se constituèrent en commune. Mais à la vie calme et facile qu'ils goûtaient sous le gouvernement de leur seigneur-abbé succéda presque immédiatement un tout autre ordre de choses. Les nou-

---

(1) M. A. Hélis (*Souvenirs de Vézelay*).

velles tracasseries suscitées par le comte de Nevers devinrent incessantes et occasionnèrent plusieurs révoltes. Ce fut pendant une de ces insurrections, celle de 1127, que le monastère fut brûlé, si l'on en croit la chronique de Saint-Maixent ; mais selon toute probabilité les logements des religieux furent seuls détruits, et l'église n'eut point à souffrir. Du moins on ne trouve pas de traces d'incendie dans la nef, qui existait dès cette époque.

L'irritation devint telle que les malheureux habitants de Vézelay en vinrent à se méfier les uns des autres : ils fortifièrent leurs maisons, percèrent des meurtrières, construisirent des machicoulis, et vécurent ainsi de longues années dans un état de servitude par devers eux-mêmes, mille fois pire que celle qu'ils subissaient avant leur émancipation.

Après s'être révoltés contre Ponce de Montboissier leur abbé, à l'instigation du comte de Nevers, ils furent abandonnés par ce dernier. Le Pape intervint et s'adressa à Louis VII qui marcha contre Vézelay. La ville se rendit, et dut payer une amende de 40,000 sous. Les maisons fortifiées furent en partie détruites.

Le seigneur-abbé rentra dans son monastère et recouvra tous les droits dont il jouissait depuis si longtemps.

Ainsi finit cette commune, une des premières qui aient été tentées en France... Le calme se rétablit, et jusqu'au XVI⁰ siècle Vézelay jouit de la plus grande prospérité, de la plus grande renommée.

Le monastère eut pour premiers patrons saint Pierre et saint Paul, et leur associa sainte Madeleine, dont il venait de recevoir une relique importante. Hugues de Poitiers, religieux de cette abbaye et son premier historien, dit même que le corps entier de la sainte y avait été envoyé de Provence. A partir de ce moment, il y eut un concours prodigieux de pèlerins, et ce pieux mouvement ne se ralentit qu'à l'époque des guerres de religion.

En montant la rue qui conduit à l'église de l'abbaye, on voit à main droite les restes d'une ancienne église paroissiale dédiée à saint Etienne. Elle appartenait au style roman de transition. Ce qui en reste est encore bien remarquable malgré tout ce que le temps et les hommes lui ont fait subir de mutilations... Aujourd'hui elle sert de halle ou de grange !...

Les maisons de cette même rue semblent assez étranges à première vue, surtout lorsqu'on n'a pas encore lu l'histoire de cette intéressante petite ville. Cet aspect singulier tient surtout à ce qui reste des machicoulis établis lors de la commune pour la défense de chaque foyer... Ce sont des maisons bien respectables que celles qui remontent au XIIe siècle !

Sur la place du milieu, tout près de l'église Ste-Madeleine, on voit un logis du commencement du XVIe siècle, avec porte et baies cintrées. Il porte cette devise :

> Comme colombe humble et simple seray,
> Et à mon nom mes mœurs conformeray.

A droite, sur cette même place, on remarque la maison où naquit, en 1519, Théodore de Bèze, dont le père était officier de justice de l'abbaye. Cette maison a été conservée à peu près intacte.

Théodore de Bèze posséda quelque temps le prieuré de Longjumeau.

Après avoir embrassé la réforme, il se rendit à Genève auprès de Calvin. Plus tard il prit la parole au colloque de Poissy, devant Charles IX et la Reine-Mère. Ses paroles sans retenue irritèrent la cour et scandalisèrent l'auditoire. Il mourut à l'âge de 86 ans, après avoir épousé une très jeune fille. Il fut le chef le plus instruit du parti protestant.

Presque en face de la maison de Théodore de Bèze, on

montre celle ou logea Louis VII pendant son séjour à Vézelay, lorsque fut prêchée la seconde croisade. Ce souvenir est écrit au-dessus de la porte.

En étudiant ainsi cette rue si pittoresque et si intéressante par les faits qui s'y sont passés, nous arrivâmes sur la place de l'église.

Mon compagnon de route, qui connaissait parfaitement cet admirable monument, m'en fit faire le tour avant de pénétrer dans l'intérieur.

Nous nous arrêtâmes assez longtemps devant le portail, élevé à deux époques différentes. Les tours, jusqu'à la hauteur d'une archivolte dominant la porte principale, appartiennent à l'époque romane. Une seule de ces tours a été terminée ; elle est dans le style gothique ou ogival.

Dans le principe l'église avait quatre tours ; il n'en reste plus que deux aujourd'hui : une sur la façade du côté Sud, l'autre sur le transept du même côté. Les deux autres étaient rasées à la hauteur des murs de la nef, lorsque fut commencée la dernière restauration. Le tympan et le linteau de la porte centrale de la façade étaient couverts de sculptures. Pendant la révolution elles ont été abattues et taillées jusqu'au nu de la muraille ; mais l'habile et intelligente restauration dirigée par M. Viollet-le-Duc, a rétabli ce que les iconoclastes de 93 avaient détruit.

Ce tympan restauré est entouré de trois archivoltes. La première — extérieure — se compose d'une suite de rosaces. La seconde renferme une trentaine de médaillons, dans chacun desquels est une composition distincte. La troisième, qui se trouve sur le plan même du tympan, se divise en huit compartiments inégaux, contenant des compositions séparées. Un grand bas-relief couvre tout le linteau. Au-dessus de ce bas-relief, sur le tympan, est un christ de taille gigantesque, la tête entourée d'un nimbe crucifère, les mains étendues, assis sur un trône. A ses côtés sont les apôtres, mais de moindre grandeur, tenant des livres ou des tablettes, excepté saint Pierre. Ce dernier, placé tout près de son divin maitre, porte deux grandes clefs. Presque tous ces personnages ont des nimbes sculptés en relief très accusé. Des mains du Sauveur partent des rayons qui vont aboutir aux têtes des apôtres.

Quant aux deux portes latérales, quelques mots suffiront pour donner une idée de leur décoration.

Le tympan de la porte qui donne accès dans le collatéral Sud représente l'adoration des mages et des bergers. Au-dessous, c'est-à-dire sur le linteau, on reconnait l'Annonciation, la Visitation et l'apparition de l'ange annonçant aux bergers la naissance du Sauveur.

Le tympan de la porte Nord représente l'Ascension, et le linteau offre deux sujets très rarement choisis à cette période du moyen-âge : l'apparition du Christ aux disciples d'Emmaüs et son repas avec eux.

Toutes ces compositions ont un caractère de grandeur qui vous saisit énergiquement.

Nous ne devons pas oublier de signaler la corniche qui règne à l'extérieur de la nef. Des modillons figurent les extrémités saillantes des solives de la toiture, et les rosaces entre les modillons, entourées d'une bordure d'oves, donnent à cet ensemble un caractère tout-à-fait antique.

Le narthex, qui à Vézelay et en d'autres endroits porte le nom de « Porche des Catéchumènes », est sans contredit la partie la plus achevée de cette belle église. Elle fut construite avec plus de soin, et l'on y employa de meilleurs matériaux. La sculpture d'ornementation y est traitée avec beaucoup d'élégance. Le tympan de la porte centrale présente un immense bas-relief d'un très grand caractère.

On a formé depuis quelques annés, dans la tribune de la chapelle de ce *narthex*, un musée de tous les fragments de statues ou ornements ayant appartenu à l'église. Il devrait en être de même dans toutes les grandes églises ou cathédrales ; l'antiquaire et l'artiste y trouveraient des motifs d'études plus à leur portée.

Lorsqu'on entre dans la grande nef par la porte de la chapelle des Catéchumènes, on est saisi d'admiration. J'ai vu bien des églises, et des plus belles, tant en France qu'en Angleterre ; mais je puis assurer que je n'ai jamais été aussi ému qu'en mettant le pied sur les dalles de cette spendide nef. La longueur et la hauteur des voûtes, la couleur de la pierre, tout, en un mot, offre un caractère monacal et cause une vive impression ; on reporte malgré soi sa pensée vers ces époques de foi où il arrivait si souvent que ce saint édifice était tout rempli de fidèles, chantant, avec enthousiasme plus qu'avec art peut-être, la noble et religieuse musique du xiie et du xiiie siècles. Il y avait alors un jubé, ce qui donnait encore à l'église une apparence de plus grande profondeur. Supposons une messe de minuit sous ces voûtes majestueuses... De telles fêtes dans de tels monuments devaient sans contredit rapprocher l'homme de Dieu.

Cette vaste nef est composée de dix travées en plein cintre roman, avec deux collatéraux éclairés par des fenêtres du même style.

A la suite de la nef s'étend un transept de grande dimension et de style ogival primitif de la fin du xiie siècle. Le chœur et le sanctuaire, qui forment hémicycle, sont aussi de cette dernière époque. Là aussi se trouvent des collatéraux où s'ouvrent deux chapelles. Dix colonnes monolithes, hautes de cinq mètres soixante, supportent les arcades ogivales du chœur. Au-dessus règne une galerie d'ogives servant de soubassement aux grandes fenêtres de la même époque.

Les chapitaux des colonnes engagées de la nef sont extrêmement variés. Ils représentent des sujets historiques ou symboliques dont il serait difficile de donner une description bien détaillée. D'ailleurs, cette description, quand même elle remplirait plusieurs volumes, ne donnerait qu'une bien faible idée de cette œuvre si complète.

Avant de quitter cet admirable édifice, rappelons-nous la visite faite au monastère par le célèbre Thomas Becket, qui menaça dans la chaire le roi Henry II des foudres de l'Eglise, s'il ne faisait pénitence. Rappelons-nous encore que les rois Philippe-Auguste et Richard-Cœur-de-Lion vinrent s'agenouiller dans ce temple, et vénérer les reliques de sainte Madeleine avant de partir pour la terre sainte en 1172.

La crypte, dans sa partie antérieure, présente encore de forts beaux spécimens de l'architecture du xi⁰ siècle. Un incendie la détruisit en grande partie deux siècles après sa construction; mais elle fut réparée et agrandie. Les colonnes de la partie ancienne ont des chapiteaux simplement épannelés, dont la rudesse contraste avec l'élégance des chapiteaux de la restauration ogivale. On trouve quelques traces de peintures, mais elles ne remontent pas au-delà du xiv⁰ siècle. C'est là qu'était la relique de sainte Madeleine.

La salle et le cloître, au midi de l'église, présentent tout ce que l'art roman avait de plus remarquable. Ce style y est arrivé à sa dernière perfection; c'est même déjà sa transformation.

Le jour de Pâques 1146, toute la population de Vézelay sortit de la ville et se réunit à un public nombreux venu de tous les coins de l'Europe. L'assistance pouvait être

de 40,000 personnes. A peu de distance de la ville, près
d'une de ses portes flanquée de deux tours très imposantes, on avait élevé une estrade pour y placer le trône
du roi Louis septième du nom, venu en cette ville pour y
entendre prêcher une seconde croisade par saint Bernard,
dont la réputation de sainteté et de savoir était répandue
partout. Le pape Eugène III avait chargé de cette mission
le célèbre abbé de Clairvaux. Bernard eut très certainement préféré la solitude et le calme du cloître au tumulte
des assemblées et des camps; mais il ne put refuser son
éloquence à cette grande entreprise, dont l'insuccès ne
put être imputé qu'à l'ignorance des croisés et au manque
d'ensemble et de direction.

Je lis dans un petit ouvrage de 1686, nommé l'*Autun-
Chrétien*, les lignes suivantes relatives à la deuxième
croisade :

» Vézelay ne reçeut cet honneur, (la prédication de la
» deuxième croisade) qu'en considération de la gran-
» deur de son abbaye, qui était connue de tout le royaume,
» cette ville n'étant pas capable de recevoir Louis VII
» avec les seigneurs, prélats et peuple qui y avaient été
» appelés. En effet on fut contraint de faire cette assem-
» blée au dessous de cette petite ville, proche d'une cam-
» pagne, dans laquelle tous les peuples du roïaume, qui
» avaient accouru, trouvèrent une place suffisante. Cette
» réunion fut convoquée par le roi Louis VII, à la sollici-
» tation du pape Eugène III, pour trouver les moïens de
» secourir les chrétiens de l'Orient, opprimés par la
» tirannie des Sarrazins. Le pape aïant été esté arresté
» en Italie pour des affaires pressantes de l'église, ne put
» venir en France pour donner lui même la croix à Louis,
» comme il le souhaitait, et, après l'avoir bénit, il l'en-
» voya à saint Bernard, abbé de Clervaux, et sous lequel
» il avait été autrefois religieux, pour la lui donner de sa
» part. Saint Bernard, aïant reçu cette commission, se
» rendit à Vézelay pour l'exécuter, monta sur une tri-

» bune, qu'on avait élevée sur le milieu de la coline, et
» aïant fait la lecture de la lettre du pape, éxorta toute
» cette assemblée, avec des termes si pressants, que tous
» ceux qui la composaient se rendirent à la force de son
» discours, et résolurent de suivre leur prince dans l'exé-
» cution de cette sainte entreprise. Aussitôt que ce saint
» abbé eut achevé de parler, le Roy, qui l'avait escouté
» avec toutes les marques d'une devotion très tendre et
» très sensible, se levant de son trosne, alla se jeter
» à ses pieds, et lui demanda la croix que le pape lui
» avait envoyée pour la lui donner. Il la reçut de ses
» mains avec beaucoup de vénération, et se l'attachant
» luy-même à l'épaule droite, monta en cet état sur la
» tribune, avec saint Bernard. La vue d'une action si
» sainte confirma dans les cœurs des peuples les senti-
» ments que les paroles de ce grand saint y avaient im-
» primées, et fut suivie d'une acclamation générale des
» assistants, qui s'écrièrent tous d'une voix, de toutes
» parts et comme de concert : La croix, la croix! L'his-
» toire remarque qu'en mesme temps la reine Eléonore,
» fille de saint Guillaume, duc de Guyenne et comte du
» Poitou, se présenta pour recevoir la croix, et fut suivie
» de tous les grands du royaume... Cette assemblée eut
» d'autres particularitez considérables, entr'autres que
» le sçavant Honorius, prêtre et chanoine d'Autun, signalé
» entre les hommes illustres de son siècle, reçeut dans
» cette mesme assemblée la croix des mains de saint
» Bernard, et suivit Louis VII en Orient, où il perdit la
» vie. »

La majeure partie de la noblesse de France suivit la
sainte bannière. A ceux qui restèrent dans leurs châ-
teaux, sans y être retenus par la maladie ou les infirmités,
il fut envoyé une quenouille et un fuseau.

La troisième croisade, dirigée par Philippe-Auguste et
Richard Cœur-de-Lion, eut encore Vézelay pour point
de départ.

Pendant près de quatre siècles le monastère et la ville jouirent d'une grande prospérité; mais les jours de malheur devaient avoir leur tour.

En 1569, les Huguenots, maitres de Vézelay, brûlèrent les reliques de sainte Madeleine, ainsi qu'une partie du monastère et une des tours de l'église.

En 1791, le jubé de l'église, qui avait survécu aux destructions du XVIe siècle, fut détruit à son tour.

Plus tard, le citoyen Maure, représentant du peuple, fit exécuter des mutilations regrettables aux portes extérieures de la Madeleine: Il fit gratter les bas-reliefs du tympan des portes; il fit aussi effacer les inscriptions tumulaires. La ville paya aux ouvriers employés à ces profanations 464 francs. (1).

Honte à jamais sur tous les ordonnateurs de ces sacrilèges et sur ceux qui les exécutent!!!

Quand donc comprendra-t-on que ce n'est pas en brûlant les villes ou en détruisant les monuments qu'on change ou modifie les institutions ou les lois d'un pays?

Je crains bien qu'il n'en soit jamais autrement : les hommes ont toujours été les mêmes, et des ruines serviront sans doute encore à asseoir les générations futures!..

Après la révolution l'église de la Madeleine était dans un tel état de dégradation que la municipalité de Vézelay pensa sérieusement à la faire démolir... Ce projet était sur le point de recevoir son exécution, lorsque la Commission des Monuments historiques proposa au ministre de l'Intérieur d'entreprendre la restauration de cette splendide église. Pour la réussite d'un pareil dessein, il fallait réunir le talent, l'audace et la prudence. La Commission

---

(1) M. A. Hélie (*Histoire de Vézelay*).

proposa d'en charger M. Viollet-le-Duc, qui alors n'était connu que par des études sérieuses sur l'art du moyen-âge, mais dont le zèle et l'activité était une garantie du succès. Jamais mission plus hasardeuse ne fut acceptée avec plus de dévouement et commencée avec plus de résolution. Les premières études du jeune architecte ayant pleinement satisfait le ministre et la commission, qui partagèrent sa confiance, il reçut, en 1840, l'autorisation de commencer les travaux, qui furent poussés avec ardeur, et sont aujourd'hui sur le point d'être terminés.

Tous les archéologues et les artistes doivent à M. Viollet-le-Duc la plus grande reconnaissance. La France pourra encore posséder et faire admirer pendant des siècles un des plus beaux et plus remarquables monuments de l'art roman.

Avant de quitter le Vézelay, le voyageur devra jeter un coup d'œil sur le splendide panorama qui entoure la petite montagne où est située l'église abbatiale de sainte Madeleine. Je ne pense pas qu'il soit possible de rester indifférent devant ce paysage qui pourrait rappeler les plus beaux de la Suisse. Toute la chaine du Morvan forme un fond d'une grande variété et d'une grande richesse. Les montagnes du Jura apparaissent aussi dans une autre partie. Après quelques minutes données à l'étonnement et à l'admiration devant une si splendide nature, lorsqu'on est forcé de reprendre son bâton de voyage, ce n'est qu'avec le plus grand regret, la plus grande émotion que l'on dit adieu à ce lieu si riche en beautés naturelles, si riche aussi en souvenirs historiques.

IV.

En descendant cette montagne si intéressante à tant de titres je ne pus m'empêcher de tourner plusieurs fois la tête vers la ville que je quittais, afin de la bien graver dans ma mémoire. Tous les événements qui s'y étaient passés, les témoins encore debout de sa splendeur et de

sa décadence, m'avaient vivement impressionné... Pour
me consoler de la quitter, je me promettais de la revoir.

Nous nous arrêtâmes dans le petit village de St-Père,
situé au pied de la montagne. Une petite rivière, affluent
de la Cure, le traverse en donnant un charme tout particulier à cet endroit.

Nous nous empressâmes d'aller visiter l'église, remarquable monument du XIIIe siècle.

Je trouve dans le *Répertoire archéologique de l'Yonne*,
par M. Quantin, les lignes suivantes :

« Saint-Père. Moyen-âge : église paroissiale de Saint-
» Pierre, autrefois Notre-Dame ; édifice du XIIIe siècle,
» d'une grande beauté et présentant d'admirables propor-
» tions. En avant est le porche ou narthex, ayant trois
» ouvertures ; celle du centre, flanquée de quatre colon-
» nes, est fermée par une large arcade trilobée, que sur-
» monte un tympan en plein cintre représentant le juge-
» ment dernier, encadré par trois cordons de statuettes
» d'anges, de saints et de prophètes. »

Toutes ces sculptures ont un grand caractère et présentent une exécution aussi parfaite que possible. A la vérité,
elles ne sont pas dessinées avec un soin classique ; mais
l'expression est fort belle, et c'est en cela surtout que
les artistes du moyen-âge s'efforçaient d'atteindre la
perfection.

Le clocher, surmonté d'une flèche octogone en pierre,
charme par son élégance, sa grâce et sa légèreté.

Cette remarquable église est classée, comme celle de
Vézelay, parmi les monuments historiques.

Des réparations importantes — et bien urgentes — y
ont été faites ; mais le narthex est encore dans un état de
ruine vraiment attristant... Patience ! Cette année peut-

être, les travaux de restauration seront repris, et nous ne tarderons pas à revoir dans sa beauté primitive un des plus beaux spécimens de l'architecture du XIIIe siècle.

Avant de quitter Saint-Père, nous primes un très confortable repas, car nous avions 15 kilomètres à faire. Des œufs frais, du fromage blanc, si délicieux dans cette contrée, furent arrosés de quelques verres de bon Châblis.

Ensuite nous nous remîmes en route, et cette fois en suivant les bords de la Cure, qui coule au pied de hautes falaises.

Tout le pays que nous parcourions était autrefois planté de noyers. La terre y est très favorable à leur développement. Il ne reste plus beaucoup de ces arbres, et j'avais le chagrin d'en voir abattre un bon nombre. Du reste le rapport avait été mauvais cette année. Je demandai si c'était pour cueillir les noix que l'on mettait à terre les noyers. Mauvaise plaisanterie, mais qui fit bien rire les braves gens occupés à détruire ces magnifiques produits de la nature. Le Bourguignon est très gai et accepte volontiers une plaisanterie, surtout lorsqu'elle est inoffensive. Malgré les malheurs passés et les difficultés du présent, en face d'un avenir bien inquiétant, cette franche et bonne gaieté n'a pas disparu. A quoi la doivent-ils ? à leur boisson, sans doute... Le vin, lorsqu'il est pur, excite la bonne humeur, et, pris dans une certaine mesure, il donne la santé et la force... Aussi les Bourguignons professent pour cette *divine* liqueur une affection des plus profondes. « Ne mettez pas d'eau dans votre vin, me disait un brave et franc vigneron ; car, si le bon Dieu vous voyait, il ne nous enverrait plus de raisin. » Il faut croire cependant que les habitants de l'Auxerrois avaient mis beaucoup d'eau dans leur vin, car la récolte du raisin avait été nulle cette année.

Tout en suivant les bords de la rivière, mon compagnon

de route me faisait remarquer la forme et la hauteur des falaises. Elles sont composées généralement de calcaire couronnant les argiles du lias, et se terminant en escarpements très élevés. Ces escarpements sont très fendillés, et dans tous les sens. Dans ces fentes abonde un reptile très dangereux et très redouté des habitants de ces campagnes, la vipère aspic, dont la longueur atteint 80 centimètres. Cet ophidien est très commun aussi dans la Côte-d'Or. La couleur de sa robe varie suivant l'âge ou l'habitat de l'animal ; car il m'a été assuré qu'il y en a de huit nuances différentes, depuis le gris foncé jusqu'au brun clair. Dans une seule saison, ce dangereux reptile se multiplie d'une manière effrayante. Cependant, malgré le voisinage des villages qui sont placés directement au pied des escarpements, et souvent à mi-côte des falaises, on ne signale que très rarement des cas de morsure sur l'homme. La vipère fuit à notre vue et ne nous attaque jamais à moins qu'elle n'y soit excitée pour défendre sa vie. L'aspic abonde également dans cette région. On y remarque en outre la couleuvre à collier ; elle mesure jusqu'à un mètre de longueur et sa peau est striée longitudinalement de noir sur fond jaune. Il y a aussi la couleuvre verte et jaune, ayant jusqu'à un mètre et plus de développement. Ces deux dernières espèces sont tout-à-fait inoffensives ; on peut même les apprivoiser.

Parmi les sauriens, très communs aussi dans le département de l'Yonne, on remarque l'orvet, qui ressemble à un petit serpent et est connu dans les campagnes sous le nom de lenvau. Il est très fragile et se casse pour ainsi dire comme du verre au premier coup de baguette. Ce petit animal n'est nullement dangereux.

Le lézard gris des murailles qui atteint jusqu'à 25 centimètres, est trop connu pour qu'il soit utile de le décrire ; il pullule en été. Le lézard vert, dont la couleur est magnifique, a les mêmes mœurs que le gris. On le rencontre dans les bois ; il est d'une agilité extrême.

Lorsqu'il est excité par l'homme, il se jette sur lui et le mord vivement ; mais sa morsure est tout-à-fait inoffensive.

La salamandre terrestre est très nombreuse dans les deux départements de l'Yonne et de la Côte-d'Or. Elle atteint jusqu'à 20 centimètres de longueur et se reconnaît aisément à son dos noir parsemé de taches jaune clair. Elle se plaît dans les lieux humides de la plaine. La salamandre des marais, ou triton, plus petite que l'autre, est très commune aussi ; elle habite les flaques d'eau dormantes.

Des spécimens remarquables de ces ophidiens et de ces sauriens sont conservés au cabinet d'histoire naturelle de Dijon, où il est très facile de les étudier.

Les reptiles ne sont pas les animaux les plus à craindre dans les champs de la Bourgogne. Le sanglier y est très répandu et se livre souvent à des fureurs dont nous vîmes de nombreuses traces en nous rendant à Arcy. On fait à ces dévastateurs une guerre acharnée ; mais, pour la faire avec fruit et sans danger, les chasseurs sont obligés de prendre beaucoup de précautions, et néanmoins il y a bien souvent des malheurs à déplorer.

Tout en causant histoire naturelle, nous arrivâmes à Arcy, en passant sous un magnifique tunnel construit au-dessous d'une petite chaîne de montagnes et dans les conditions les plus pittoresques.

Arcy possède les restes d'un vieux château flanqué encore de ses quatre tours en majeure partie couvertes de lierre. L'histoire de cette forteresse n'a rien de remarquable. Le seul intérêt qui attire le voyageur à Arcy, c'est la réputation bien méritée des grottes à stalactites que renferme le territoire de cette petite ville. Ces grottes sont citées parmi les plus remarquables de la France.

Nous avions le projet de les visiter, mais il était trop

tard pour pouvoir le faire avec fruit, et puis nous étions très fatigués par notre longue étape. Nous n'avions qu'un seul désir, celui de nous reposer. Nous trouvâmes une généreuse hospitalité chez un respectable patriarche d'Arcy (1), admirateur passionné des grottes, et gémissant toujours de l'abandon où elles sont tombées et des dégradations qu'elles ont subies.

Après avoir passé une nuit réparatrice et pris part à un abondant déjeuner offert avec la plus cordiale générosité, nous nous mîmes en marche en assez grand nombre, et tous armés de la prosaïque chandelle de suif.

Chemin faisant je dessinai un pont très pittoresque jeté sur la Cure.

Nous suivîmes les bords de cette charmante rivière, et après une demi-heure de marche nous arrivâmes à l'entrée de la merveille que nous avions pour but.

Un gardien-fermier est toujours au service des voyageurs moyennant 1 franc par personne, somme exorbitante pour les familles un peu nombreuses. La perception de ce petit droit lui assure *bon an mal an* de 2 à 3,000 francs, rémunération assez ronde pour le peu de peine qu'il se donne. Si encore il fournissait la chandelle.!

A l'entrée de la grotte des femmes vous offrent, c'est-à-dire cherchent à vous vendre des fruits ou des fragments de stalactites. Elles se mettent en outre au service des mères de famille pour les décharger de leurs enfants.

Je me cognai trois fois la tête aux aspérités de la porte, dont la voûte est si basse qu'on est presque obligé de se servir de ses mains pour pouvoir franchir ce premier obstacle.

---

(1) M. Bézanger.

Après nous être comptés, nous entrâmes, avec d'autant plus de sécurité que nous ne voyions point écrit au-dessus de cet antre le fameux vers du Dante :

Lasciate ogni speranza, voi che'ntrate.

« Vous qui passez le seuil, laissez toute espérance. »

On descend pendant quelques secondes sur un plan très incliné, où il est assez difficile de garder l'équilibre, parce que le terrain est très glissant. D'un autre côté il faut bien se garder de relever la tête trop brusquement sous peine de l'avoir fortement endommagée par les stalactites qui font des blessures très profondes, ainsi que j'ai pu m'en convaincre à mon grand chagrin.

Après ces quelques secondes d'épreuves on arrive à une salle dite *grand désert* ; c'est la plus vaste des excavations d'Arcy. Elle est moins chargée de stalactites que les autres, mais son étendue et ses belles proportions la rendent très remarquable. En sortant de cette place on suit un petit sentier qui longe à gauche la paroi et porte le nom de *passage de madame*. On arrive ainsi à une sorte de niche appelée *la congélation*. Ce nom a été judicieusement donné ; il semble en effet, qu'on se trouve en face d'un bloc de glace nouvellement formé.

Nous laissons sur notre droite une sorte d'îlot assez long et s'élargissant à son extrémité. On l'appelle, je crois, *l'île des deux passages*. Nous nous trouvons ensuite dans une autre salle assez belle, présentant la forme d'un pentagone ; c'est la *salle de la Vierge*, ainsi appelée parce qu'à l'extrémité de cette sorte de pentagone les cristallisations représentent assez bien la Vierge avec son petit Jésus, telle que les artistes ont coutume de la représenter.

Une sorte de promontoire s'avance comme pour fermer un passage qui, très étroit d'abord, s'élargit assez brusquement et prend la forme d'une petite salle décrivant assez bien une demi-circonférence. Tout ce promontoire est

couvert de stalactites engagées, et figurant assez exactement des dépouilles d'animaux : aussi l'appelle-t-on *la
boucherie.*

Un passage plus étroit encore, formé par un bloc énorme
de cristallisation, porte le nom de *pilier Saint-Jacques.*
Ce passage aboutit dans une des plus belles parties de
cette grotte. C'est une salle mesurant près de 200 mètres
de longueur. Les parois de cette merveille paraissent
couvertes de draperies, de décors du plus fantastique effet.
Je m'arrêtai longtemps à la contempler, afin de m'en bien
pénétrer.

La *salle Sainte-Marguerite,* qui vient ensuite, présente à peu près les mêmes beautés ; mais quelques mètres
plus loin on jouit d'un tout autre spectacle. Dans la *salle
des éboulements* on n'admire plus ces belles cristallisations,
ces stalactites gigantesques descendant jusqu'à la rencontre des stalagmites et établissant avec elles des points
de contact des plus variés, des plus bizarres ; on est en
face du chaos. La voûte de cette immense caverne s'est un
jour effondrée, et a accumulé en ce lieu des décombres
que l'on ne peut voir sans frémir. Malgré soi on pense
qu'un semblable éboulement pourrait bien se faire encore
pendant une visite, et vous retrancher du nombre des
vivants.... A l'extrémité de cet affreux amas, on a devant
soi une des plus importantes stalagmites de ces grottes.
La base en est très large et la partie supérieure, qui touche
presque la voûte, semble très étroite relativement à la
base.

La *salle de danse* s'ouvre devant vous avec une sorte
de majesté. Pourquoi porte-t-elle cette gaie dénomi-
nation ? est-ce là que se réunissent les génies de la montagne en compagnie des fées et des sorcières venues montées
sur des manches à balai pour se livrer ensemble à de
diaboliques ébats ? Je serais assez porté à le croire, car
tout près de là, dans la même montagne, existe une autre
grotte remarquable par sa porte ogivale et connue dans

le pays sous le nom de *grotte aux fées*. Combien ce lieu aurait convenu aux trois sorcières de Macbeth pour y fabriquer leur philtre infernal !...

En quittant cette prétendue salle de bal on se trouve en face d'un phénomène des plus étranges. L'élévation graduelle du sol imite parfaitement les flots de la mer. C'est d'abord une très légère ride, suivie d'une seconde déjà plus profonde, et puis d'autres qui forment de véritables vagues, et cela sur une étendue de plus de vingt mètres. Ces vagues nous conduisent au *trou* et à la *salle du renard*, qui est le terme de ces belles et intéressantes grottes.

Nous revenons alors sur nos pas. Arrivés à l'*île des deux passages*, nous la laissons sur notre droite, et nous côtoyons un lac d'une certaine étendue, dont on ne connait pas le fond, dit-on. Pour moi, je pense qu'il doit être de niveau avec le lit de la rivière. Ce lac est effrayant à voir ; si les poëtes de l'antiquité l'avaient connu, ils en auraient fait bien certainement l'entrée du Tartare et la demeure du vieux et grognon Caron.

Nous sortimes de ce vaste et bien curieux souterrain par la même porte qui nous avait donné entrée, et nous retrouvâmes non sans plaisir la lumière et la chaleur du soleil (1).

Avant de quitter ce lieu, je fus curieux d'aller visiter

---

(1) Depuis la découverte de ces grottes, plusieurs personnages célèbres les ont visitées. Buffon les a décrites ; il les aimait beaucoup, et gémissait sur la profanation dont elles avaient déjà été l'objet. Même de nos jours, les visiteurs ne manquent pas. Quelques semaines avant nous, le comte de Paris y était venu et avait payé un juste tribut d'admiration à cette merveille. Deux jours après notre visite, une famille du Havre, (celle de M. Raverat), passant ses vacances dans les environs, s'y rendit également ; mais ce n'était pas pour la première fois. J'ai vivement regretté de ne l'y avoir pas rencontrée, à cause de la vraie affection qui m'unit à elle.

la *grotte aux fées*. Elle est fort belle, et doit dater des temps préhistoriques ; car on retrouve des fossiles presque à la surface du sol. En creusant un peu avec ma canne, j'ai amené au jour une certaine quantité d'ossements ayant appartenu à divers animaux. Cette *grotte aux fées* communique-t-elle avec celle que nous venons de parcourir ? On le suppose ; mais on n'en a point cherché la certitude. C'est bien la même nature de roche, le même caractère géologique. Il est à présumer que la séparation de ces grottes se sera faite par suite d'éboulements. Il faudrait, pour rétablir la communication, des travaux que le propriétaire n'est pas disposé à faire, et qui d'ailleurs ne rapporteraient aucun bénéfice.

Mon compagnon, que j'ai eu l'honneur de vous présenter comme un géologue distingué, a bien voulu me laisser quelques notes sur le caractère distinctif des grottes d'Arcy et sur les causes qui ont amené leur formation. Ces notes trouvent ici leur place naturelle.

« Les grottes d'Arcy-sur-Cure sont ouvertes dans les
» roches calcaires qui constituent dans l'Yonne la base
» de l'Oxford-clay. Elles sont dues, à mon avis, à des frac-
» tures considérables du massif de la montagne, fractures
» d'ailleurs très fréquentes aux environs, et qui témoi-
» gnent d'une action souterraine violente dont cette con-
» trée fut anciennement le théâtre.

» Ces grottes ou cavernes sont probablement nombreu-
» ses, quoique l'on n'en connaisse que trois ayant une
» entrée dégagée de décombres ; mais parmi ces trois, une
» a son débouché au niveau de la rivière de Cure, qui
» coule au pied de la montagne. Elle se trouve par ce voi-
» sinage constamment remplie d'eau, ce qui la rend ina-
» bordable aux plus hardis touristes. Une autre, celle
» qu'on appelle dans le pays la *grotte aux fées*, et qui,
» ainsi que le fait supposer son nom, a dû jouer un grand
» rôle dans le passé superstitieux de nos aieux les Gau-
» lois... cette grotte des fées, dis-je, bien qu'elle ait une

» magnifique entrée ogivale, est d'une grande élévation,
» mais peu profonde; elle parait avoir été comblée petit à
» petit par les éboulements de la voûte.

« La troisième caverne, que le public désigne sous le
» véritable nom de grottes d'Arcy, est la plus remarqua-
» ble sous tous les rapports, et beaucoup plus profonde
» que la grotte des Fées, puisqu'elle a un développement
» de 876 mètres. Les parois sont couvertes de concrétions
» calcaires, dont les cavernes voisines sont complétement
» dépourvues.

» Pour le géologue, l'exploration de la montagne où se
» trouvent les grottes d'Arcy offre un vif intérêt. On peut
» même dire que le relief de cette élévation explique fa-
» cilement le mode de formation des cavernes qui la tra-
» versent à sa base.

» Cette montagne est composée, à partir de sa base, de
» calcaire assez dur, qu'on rencontre en bancs assez épais
» pour former les plafonds ou voûtes de ces grottes. Ces
» bancs ont souvent une grande étendue, comme par
» exemple dans la *salle de la Vierge* et la *salle de danse*.
» Au dessus de la caverne ils sont cependant un peu plus
» minces. Le mont est couronné par des calcaires fissi-
» les un peu argileux, qui établissent le passage avec les
» marnes argileuses de la partie supérieure de l'étage
» oxfordien.

» Les autres grottes sont séparées par un petit vallon
» de celle qui nous occupe particulièrement. La montagne
» qui les renferme n'a pas la même constitution géologi-
» que. L'Oxford-clay a disparu pour faire place au coral-
» ray qui forme en cet endroit une falaise de près de 100
» mètres de hauteur, à pic, découpée en cinq ou six stra-
» tes seulement, bien apparentes, ayant une inclinaison
» assez marquée.

» Il paraît donc y avoir eu autrefois dans la montagne

» un affaissement considérable, dont le centre semble
» correspondre avec le petit vallon, qui ne serait lui-
» même qu'une faille ou fracture élargie postérieurement
» par les eaux. Les masses calcaires, en s'affaissant dans
» le vide établi violemment au-dessous d'elles, ont pris
» la forme de ce vide, et dans ce mouvement elles se sont
» brisées par zones parallèles ou à peu près. Toutes ces
» brisures présentent une sorte d'ouverture de forme tri-
» angulaire ayant la *base* en haut dans les parties conca-
» ves, et la base en bas dans les parties convexes.

» Ce sont ces vides triangulaires qui ont dans l'origine
» déterminé l'emplacement des cavernes existantes dans
» les montagnes d'Arcy ; mais je ne nie pas qu'il ait fallu,
» pour leur donner leurs formes actuelles, d'autres cau-
» ses agissantes. A mon avis, l'action de l'eau qui s'en-
» gouffrait dans ces cavernes, action journellement repé-
» tée, a dû produire ce résultat dans la suite des siècles.

» La Cure décrit, à une faible distance de ce lieu, une
» grande courbe, et par conséquent se représente au
» côté opposé de l'entrée des grottes. Elle les a traversées
» autrefois. Une preuve de son passage, c'est l'existence
» des cailloux roulés dont le sol est formé, et auxquels
» se mélangent en quantité énorme des ossemens de toute
» provenance. D'ailleurs, la rivière et la caverne sont de
» niveau. Si aujourd'hui elles ne sont plus en communi-
» cation *apparente*, cela tient à l'exhaussement des rives.
» Néanmoins elles communiquent par des voies souter-
» raines. et c'est, je crois, la cause de l'existence du
» petit lac.

» L'action de l'eau dans la grotte aura. sans aucun
» doute, occasionné des éboulements, et par conséquent
» fermé cette grotte, qui devait être dans le principe une
» sorte de couloir.

» Aujourd'hui l'entrée des grottes d'Arcy est au sommet
» d'un talus d'éboulement ayant une hauteur d'en-

» viron 8 mètres au-dessus de la rivière. Le seuil est à
» 1 mètre 20 au-dessous du plafond de la première salle,
» en sorte qu'il faut se baisser beaucoup pour y pénétrer.
» Une fois entré, on descend le revers opposé du talus
» d'éboulement, et l'on arrive au lac qui est au niveau de
» la rivière.

» Je ferai une remarque que je puis croire assez impor-
» tante, ou du moins intéressante sur le caractère de la
» caverne qui nous occupe. Les stalactites y sont groupées
» en masses d'autant plus serrées, d'autant plus belles,
» qu'elles se rapprochent de la grande fracture qui déter-
» mine l'axe de la grotte. J'ajouterai même que les co-
» lonnes soudées correspondent presque toutes à cet axe.
» Elles servent ainsi à maintenir les lèvres de la frac-
» ture et à assurer la solidité du plafond, qui, sans ces
» appuis naturels, serait continuellement en danger de
» s'affaisser, ainsi qu'on peut s'en convaincre en examinant
» le plafond de la salle «des éboulements», qui s'est écroulé
» en partie parce qu'il était privé de ces étançons naturels.
» Il est assez remarquable que cette salle « des éboule-
» ments » n'offre aucune trace de concrétions calcaires;
» c'est la seule qui se trouve dans ce cas.

« Au point de vue paléontologique, les grottes d'Arcy
» offrent un grand intérêt. Sous la couche stalagmiteuse,
» on rencontre les alluvions quaternaires qui renferment
» beaucoup de restes de la vieille faune. M. de Vitraye et
» M. Coteau avaient placé dans une des salles de l'Ex-
» position Universelle de 1867 des silex taillés, trouvés
» dans le sol de la *grotte des fées*, à côté d'une mâchoire
» et d'autres ossements humains. Je remarquai aussi
» dans leurs vitrines, et provenant du même endroit, une
» mâchoire du grand « ours des cavernes », des mâchoi-
» res d'hyène et de loup, un bois de renne travaillé,
» un poinçon d'os... Moi-même, ajoute mon savant géo-
» logue, j'y ai découvert en 1861 des fragments de dé-
» fenses de rhinocéros, une grande quantité de dents de

» carnassiers, et aussi des débris de dents de masto-
» dontes.

» La partie déblayée par M. de Vitraye n'avait pas plus
» d'un mètre d'épaisseur. A cette faible profondeur il
» trouva plusieurs couches d'ossements agglutinés par
» une argile noirâtre.»

Le massif corallien qui surplombe la grotte des fées
présente à sa base des bancs calcaires renfermant des
fragments siliceux, et ces fragments forment quelquefois
des amas considérables réunis par un ciment naturel très
dur. Cette nature de roche est tout-à-fait résistante aux
influences atmosphériques et présente, sur plus de dix
mètres de hauteur, des surfaces polies. Cette polissure de
la roche peut être comparée à celle qu'on remarque à la
base des piliers de nos grandes églises. Cette dernière, on
le sait, est due au frottement continuel des fidèles, dont
les vêtements à la longue, en usant les aspérités de la
pierre, la rendent semblable au marbre travaillé avec
soin. Mon ami pensait que dans les grottes d'Arcy ce
phénomène si singulier, et qu'il n'avait rencontré nulle
part, ne pouvait être expliqué que par le frottement pro-
longé auquel ont été soumises pendant longtemps les surfaces siliceuses de la roche avec des cailloux granitiques
descendus des hauts plateaux du Morvan au moment des
charrois diluviens. C'est dans la partie supérieure de la
falaise que les Gaulois et surtout les Gallo-Romains avaient
ouvert une carrière dont le front, parfaitement conservé,
laisse voir, par le contour que suivent les traces d'en-
tailles, les dimensions des blocs qu'ils en retiraient.
Cette carrière leur fournissait particulièrement des sar-
cophages. Les tombeaux mis au jour jusqu'ici à plus de
dix lieues à la ronde présentent presque toujours une
identité parfaite avec la matière extraite de ces carrières.

Par cette causerie si intéressante et si instructive pour
moi nous étions ramenés sans nous en apercevoir jusqu'au
centre d'Arcy.

Là il nous fallut dire adieu à de bien excellentes personnes et songer à regagner Auxerre.

Un violent orage était sur le point d'éclater lorsque nous primes le train qui devait nous conduire dans le département de la Côte-d'Or. Quelques heures après notre départ il s'abattait sur toutes ces belles et intéressantes contrées que nous venions de parcourir et achevait de détruire le peu de raisin échappé aux gelées du mois de mai précédent.

<h2 style="text-align:center">V</h2>

En entrant dans le département de la Côte-d'Or, la véritable Bourgogne, je fus surpris de voir une différence entre le ciel sous lequel nous voyagions et celui que nous venions de quitter. Plus on approche de Dijon, plus cette différence est grande. L'air est beaucoup plus pur, la lumière plus belle, et les montagnes, éclairées par cette lumière si brillante et si franche, se revêtent de teintes d'une finesse extrême; mais c'est surtout dans les plaines du pays de Beaune, si chargées de riches vignobles, que cette admirable lumière donne tout son éclat. J'étais dans le ravissement, parce que c'était la première fois que je voyageais sous un climat si différent de celui de notre chère Normandie.

La première ville un peu importante que l'on rencontre en entrant dans le département de la Côte-d'Or, c'est Montbard, célèbre sous plus d'un rapport.

Une longue station du train nous permit de la visiter.

Montbard est bâtie sur le versant d'une gracieuse colline dont le pied est baigné par la petite rivière de Brenne et le canal de Bourgogne. Ses rues sont escarpées et irrégulières, mais d'un effet des plus pittoresques. Son église paroissiale, du roman le plus pur, a été classée il y a quelques années parmi les monuments historiques. Montbard doit à son vieux château une plus grande partie de sa célébrité.

Il fut bâti sur un mamelon qui commande une étroite et longue vallée. C'était comme une citadelle naturelle que les Romains furent les premiers à utiliser. Le lieu en outre était très important pour eux, car là existait un collége de Druides, où l'enseignement était plus particulièrement donné à ceux qui devaient entrer dans la noble congrégation des Bardes, dont les chants animaient les assemblées tenues dans les sombres forêts.

Les Romains redoutaient cette influence ; aussi s'empressèrent-ils de la combattre, de la détruire par tous les moyens mis en leur pouvoir.

On ne connaît rien des possesseurs du château de Montbard après l'expulsion des Romains. C'est vers le XIIe siècle que ce lieu célèbre prend son véritable caractère historique. Les seigneurs de cette époque figurent glorieusement aux croisades, et à la bataille de Bouvines la bannière des sires de Montbard précède celle de tous les grands vassaux. La maison des Montbard eut encore une autre et précieuse illustration : Alèthe, mère de saint Bernard, appartenait à cette noble famille, et l'apôtre de la seconde croisade visita souvent ce manoir, où sa mère aimait à résider.

En 1234, Marguerite de Provence, se rendant à Sens pour y épouser solennellement le roi Louis, neuvième du nom, passa par Montbard et y reçut une hospitalité digne d'elle et de ceux qui l'accueillaient.

Au commencement du siècle suivant, la famille qui possédait ce beau domaine s'étant éteinte, il passa aux mains des ducs de Bourgogne.

Charles VI, en allant visiter le Languedoc, traversa la Bourgogne. Il fut conduit à Montbard par le duc Philippe-le-Hardi, son oncle, accompagné de son fils, le comte de Nevers, qui dans la suite devait mériter le nom de Jean-sans-Peur. Le roi Charles, disent les chroniques du temps, fut fort émerveillé par la quantité de velours, de satin rouge dont étaient revêtus tous les chevaliers du Duc, et par les manteaux des dames, qui étaient en entier de drap d'or et d'argent.

En 1412, les enfants du duc de Bourbon, alliés au parti d'Armagnac, furent retenus prisonniers à Montbard par Jean-sans-Peur, sous la garde de la Duchesse, sa femme.

Jean de Châlons, en 1414, pendant une rupture du Duc avec le roi de France, essaya de surprendre la place. Fait prisonnier par le Duc quelques années plus tard, il perdit ses seigneuries et fut livré au supplice.

Par la mort de Charles le Téméraire le château passa aux mains de Louis XI, qui en disposa en faveur de Horberg, marquis de Rothelin. Il voulait attacher à son parti ce vieux serviteur de la maison de Bourgogne. En 1504, par le mariage de Jeanne, fille du marquis, avec Louis d'Orléans, duc de Longueville, Montbard devint la propriété de cette maison, et ensuite de celle de Nemours. En 1742, le comte de Buffon en devint le seigneur. Ses ancêtres en étaient châtelains depuis longtemps.

Lorsque le célèbre naturaliste en devint possesseur, le château tombait en ruines ; mais il se fit un devoir de le relever. Il restaura les bâtiments, replanta les jardins, et rendit cette résidence digne des grands souvenirs qu'elle rappelait. C'est là que cet écrivain distingué composa la plus grande partie de ses immortels ouvrages.

Buffon fut visité dans cette poétique retraite par tout ce que la France et l'Europe possédaient de personnages illustres.

Presque de nos jours, la petite ville de Montbard a voté l'érection d'une statue à ce grand homme. Son portrait, fait d'après l'original peint par Drouais et pieusement conservé par la famille, décorait déjà une des salles de l'Hôtel-de-Ville, ainsi que celui d'un autre naturaliste célèbre, Daubenton, ami et collaborateur de Buffon, et comme lui né à Montbard. Daubenton habitait une maison sise dans la partie la plus élevée de la ville et d'où l'on jouit d'une vue splendide. Le jardin qui entoure cette maison semble avoir été démembré des dépendances du château.

Montbard a encore donné le jour au peintre Barbin et au savant paléographe M. B. Guérard.

Comme la route qui doit nous conduire à Alise-Ste-Reine n'est pas très longue, nous la suivrons à pied, en nous entretenant des événements qui se passèrent, il y a près de 2,000 ans, sur cette terre si riche à tous égards.

VI.

On ne connaît rien de bien précis sur la fondation d'Alésia. On sait seulement que cette ville était, avant l'envahissement des Romains, une des plus importantes cités des Gaules; son territoire comptait à peu près 200,000 habitants. C'est sous les murs de cette place que nos ancêtres livrèrent leur dernière grande bataille et que se décidèrent les destinées de notre patrie.

Vercingétorix, une des plus grandes et des plus nobles figures de notre vieille histoire, battu par César dans plusieurs rencontres, s'était retiré chez les Mandubiens, tribu qui faisait partie de la confédération des Eduens. Il s'était établi avec ses troupes sous les remparts de leur capitale, avait fortifié son camp d'une enceinte de pierres haute de deux mètres, et puis, à l'abri des attaques des Romains, il avait envoyé des cavaliers dans toutes les provinces de la Gaule réclamer l'assistance de tous ceux qui voulaient comme lui défendre l'indépendance nationale. Deux cent cinquante mille soldats répondirent à cet appel. César, à son tour, se trouva comme assiégé entre l'armée des nouveaux venus et les retranchements de Vercingétorix; mais, profitant d'une fausse manœuvre de ses adversaires et instruit par quelques misérables transfuges de l'armée gauloise comme il y en a toujours eu, il lança ses légions sur les troupes alliées engagées dans une vallée étroite, mit le désordre dans leurs rangs, et remporta sur eux une victoire dont la cruelle conséquence fut l'asservissement des Gaules.

Le lendemain de cette victoire, Vercingétorix convoqua une assemblée des chefs de son armée, et dit ces mémorables paroles: « Je n'ai pas entrepris cette guerre par intérêt personnel, mais pour la défense de la liberté commune. Il faut céder à la fortune puisqu'elle nous est contraire. Je m'offre pour le salut de tous; donnez-moi la mort ou livrez-moi vivant à César, afin que mon sacrifice puisse apaiser la colère des Romains. » On envoie des députés au vainqueur. Il ordonne qu'on lui apporte les armes et qu'on lui amène les chefs. Assis sur son tribunal, il fait paraitre devant lui les généraux ennnemis. Vercingétorix vient se livrer lui même et jette ses armes aux pieds du vainqueur.

César proportionna ses rigueurs à la grandeur du péril qu'il avait couru. Les vaincus furent presque tous massacrés; il n'épargna que les Eduens et les Arvernes, dont il voulait se servir pour tàcher de regagner ces peuples. Le reste des prisonniers fut partagé par tête entre les soldats. Il se réserva le noble chef de la Gaule pour son triomple à Rome, et plus tard il le fit mettre à mort.

Je ne puis lire ce passage de notre histoire sans éprouver une vive émotion... Tout enfant je me passionnais pour ce jeune héros et je vouais César aux plus noires puissances infernales... Je n'ai jamais aimé les envahisseurs; ils sont toujours cruels. César le fut plus qu'un autre, et l'histoire ne lui pardonnera jamais toutes les atrocités dont il se rendit coupable dans cette circonstance. Les peuples en ont jusqu'à ce jour conservé le souvenir ; ils appellent encore aujourd'hui la vallée qui s'étend au pied de la montagne où fut Alésia, la « Vallée des Larmes. »

Il s'est cependant rencontré un historien moderne, bien fatalement célèbre... qui a osé commettre le crime de lèse-nation en écrivant, dans une vie de César, que ce fut un grand bonheur pour les Gaules que cette tentative d'affranchissement n'eût abouti à aucun résultat, et que la civilisation dans ce pays eût été reculée de plusieurs siècles... C'est une grande erreur, mais elle ne m'étonne pas de la part de cet auteur, car il n'était ni gaulois, ni franc, et, malgré la haute position que les révolutions lui avaient faite en France, il circulait toujours en ses veines du sang de nos anciens et cruels envahisseurs.

Elle était belle et enviable cette civilisation que les Romains apportaient dans les Gaules et qu'ils venaient imposer par les massacres et les incendies ! civilisation viciée, corrompue, qui ne trainait déjà plus qu'un lambeau d'existence dans les plus dégoûtantes orgies... Lorsque cet immense empire faisait un instant trève à ses conquêtes, il allait demander aux horreurs du cirque des joies et des voluptés nouvelles... Civilisation sans croyance qui riait de ce qu'elle avait craint et adoré...

Les Gaulois étaient aussi civilisés que les Romains. Il est vrai que ce n'était pas de cette civilisation énervante et portant en elle tous les éléments de dissolution qui devaient bientôt faire tomber l'orgueilleuse Rome. Si les armes de Vercingétorix avaient triomphé des ennemis de la Gaule, cette noble contrée eût eu une civilisation plus en harmonie avec son caractère. En outre, on n'aurait pas vu, quatre siècles plus tard, les barbares s'abattre sur nos contrées pour s'emparer des richesses que le luxe et le sensualisme y avaient amassées pendant plusieurs siècles. Les peuples asservis ne se fondent que bien rarement avec ceux qui les ont vaincus. Ils reprennent un jour leur indépendance, et malheureusement ils font subir à leurs anciens vainqueurs la peine du talion.

Les Romains n'ont point apporté aux Gaulois la véritable civilisation, ainsi que le prétend l'auteur cité plus haut. C'est un siècle plus tard que la seule vraie civilisation fut donnée au monde ; elle prit naissance sur le Golgotha, et la première croix plantée sur la terre des Gaulois fit plus pour l'éducation de ces peuples que le luxe et le bien-être apportés par les conquérants.

Quelques historiens ont pensé que la cité d'Alésia qui nous occupe en ce moment n'est pas celle de Vercingétorix. Les uns la placent en Auvergne ; les autres dans les montagnes du Morvan. Je crois que ces différents auteurs ne connaissaient pas exactement le pays. Pour moi, les commentaires de César à la main, j'ai parcouru cette célèbre partie de la Bourgogne, et j'ai été frappé de la ressemblance que cette montagne et cette vallée d'Alise-Ste-Reine présente encore avec la description qu'en fait César... « La ville, dit-il, est bâtie sur le faîte d'une haute montagne au pied de laquelle coulent deux rivières (1), qui la baignent de part et d'autre, et sur le devant il y a une plaine de quelques trois quarts de lieue d'étendue ; le reste est environné de collines à peu de distance de la place et de pareille hauteur. » Du reste, il a été fait des fouilles en cet endroit, et il en a été retiré chaque fois de précieuses preuves de l'existence de cette célèbre cité.

Il y a quelques années le Gouvernement fit élever une statue colossale de Vercingétorix à l'extrémité ouest de la montagne. Cette statue en bronze est d'un excellent travail et due à la composition du sculpteur Aimé Millet... Le héros est représenté appuyé sur sa large épée et son regard plonge au loin.

____

(1) L'Armançon et la Brenne.

A la chute de l'empire d'Occident, Alésia était encore le chef-lieu du *Pagus Alesiensis*, qui s'étendait de Saulieu à Duesme et d'Avallon à Chanceaux. Les reliques de sainte Reine, brûlée vive pour la foi au temps des Romains (on montre encore le lieu où elle souffrit le martyre) attiraient un grand nombre de pèlerins dont les belles voies qui aboutissaient toutes à ce centre facilitaient le pieux voyage. Mais l'envahissement du pays par les barbares arrêta le concours des pèlerins, et les reliques de sainte Reine n'étant plus en sûreté à Alise furent transportées à Flavigny. Sur le versant de la montagne un village s'éleva et le nom d'Alise-Ste-Reine lui fut donné.

Il y a dans les environs une source d'eaux minérales dont la réputation, très ancienne, n'a fait que s'accroître pendant les deux derniers siècles.

Voilà tout ce qui reste de cette noble page de notre vieille histoire.

Environ à six ou sept lieues d'Alise-Sainte-Reine, entre Chanceaux et Saint-Seine, près de la ferme des Vergerots, dépendance du petit village de Saint-Germain-la-Feuille, la Seine prend sa source. Ce n'est d'abord qu'un faible ruisseau descendant rapidement le revers septentrional d'un coteau couvert de bois. Plus bas ce ruisseau rencontre une mare ou petit étang qui l'arrête dans sa course et l'emprisonne pour un instant ; mais il s'en échappe avec plus d'impétuosité qu'il n'y est entré, et traverse la route de Paris à Dijon sous un petit pont. Si quelque voyageur cherchait à s'enquérir du nom de ce ruisseau, que les pluies font quelquefois déborder sur les bas côtés de la route, l'enseigne d'une auberge voisine lui apprendrait que c'est là le beau fleuve qui arrose la capitale de la France. On lit en effet :

Au premier pont de Seine.

Mieux encore, ce même voyageur n'aurait qu'à remonter le cours de ce faible ruisseau ; il ne tarderait pas à découvrir un charmant petit monument personnifiant la Seine, élevé au lieu même où elle prend sa source.

Salut noble fleuve! Je voudrais être poète afin de chanter en vers harmonieux ton berceau si frais, si parfumé, si rempli d'églantiers et de chèvrefeuilles; je voudrais chanter tes hautes destinées, ta gloire et l'histoire des peuples dont les générations se sont succédé sur tes bords. Je voudrais chanter ta marche triomphale à travers les villes et les prairies auxquelles tu donnes la vie et la richesse, jusqu'à cette cité devenue fameuse parmi les autres cités (1), où le vaste Océan vient à ta rencontre pour t'introduire dans de nouvelles et splendides demeures.

Nous reprîmes le train se dirigeant vers Dijon, et nous traversâmes le magnifique tunnel de Blaisy-Bas. C'est, je crois, le plus long de France; il faut huit minutes pour le franchir.

Blaisy-Bas est dominé par une haute montagne que couronnent les restes d'un château-fort construit à l'époque de la féodalité. Ce château, que je dessinai quelques jours plus tard, a été bien morcelé, mais il présente encore un très grand caractère. Il fut pris et repris plusieurs fois pendant les guerres dites de « religion ». Notamment en 1592, il fut pillé et brûlé en partie par un farouche ligueur, le baron de Vitteaux.

Il est probable que cette forteresse a remplacé un ancien castrum gallo-romain, car on remarque encore aux environs des tronçons de chemins appelés *chemins ferrés* dans le pays. C'est dans le centre de la France la désignation ordinaire des anciennes voies gallo-romaines. Ces chemins sont pavés de pierres posées de champ avec bordures latérales régulières. De plus, on a découvert

---

(1) Le Havre.

l'année dernière, dans un emplacement boisé, les traces d'un ancien camp ayant la forme d'un quadrilatère, entouré d'un débris de rempart formé de gros blocs accumulés. Ces retranchements sont d'ailleurs très communs dans la contrée.

En face du vieux château de Blaisy-Haut s'élève le point culminant de la Côte d'Or. J'y suis allé. C'est une ascension un peu fatiguante, il est vrai ; mais on est bien dédommagé en contemplant le panorama grandiose qui se déroule devant les yeux. Dans les beaux jours on distingue parfaitement le pic du Mont-Blanc.

De Blaisy à Malain il n'y a que quelques centaines de pas ; et je puis dire que ce petit village mérite bien qu'on s'y arrête un instant. Il ne compte en ce moment que 600 habitants, mais c'était autrefois un lieu très important, et, d'après plusieurs auteurs bourguignons, il est bâti sur l'emplacement de l'ancienne capitale d'un peuple qui faisait partie de la confédération des Mandubiens, dont l'antique Alésia était le chef-lieu politique.

Quoi qu'il en soit, au moyen âge Malain était une ville assez considérable, défendue par un château fort, posé comme un nid d'aigle au sommet d'un rocher à pic. On y a trouvé et l'on y trouve encore beaucoup de débris de constructions gallo-romaines et surtout de remarquables échantillons de sculpture antique.

Je dois signaler, en passant, un usage qui doit avoir son origine dans les temps païens, et qui s'est perpétué jusqu'à la fin du dernier siècle. La veille de la saint Jean-Baptiste, chaque ménage était obligé, sous peine d'une forte amende, d'envoyer un de ses membres au cimetière de la paroisse. Arrivé là on dansait avec une énergie telle que les danseurs perdaient quelquefois haleine, et cela au son des cloches de l'Eglise, et en criant à tue-tête :

Messire St-Jean, voici ta fête ; Messire St-Jean, réjouis-toi.

Les ruines du vieux château sont d'un effet des plus pittoresques.

Plombières est un petit village tout voisin de Malain; la tradition parle de souterrains, de souvenirs historiques des plus lugubres, et par conséquent des plus intéressants... Mais je n'ai pu m'y arrêter. Il nous fallait arriver à Dijon dans la soirée.

Nous ne tardâmes pas à entrer dans cette capitale de la Bourgogne, salués par un bruit affreux : un épouvantable orage venait d'éclater.

VII.

DIJON

Un petit mot d'histoire.

S'il n'entrait pas dans mon cadre de vous parler de tout ce que j'ai rencontré sur ma route en parcourant la Bourgogne, je n'entreprendrais pas de vous rappeler son histoire, car vous la connaissez tous. La vie de cette belle province a été tellement mêlée à la vie de notre chère France, que l'on ne peut connaitre l'une avant d'avoir étudié l'autre. Les historiens des siècles passés, ainsi que nos historiens modernes, particulièrement M. de Barante, nous ont fait connaitre les commencements de l'existence de la Bourgogne, son développement jusqu'au jour où elle est devenue un des plus beaux fleurons du royaume de France. Cette histoire si intéressante, si mouvementée et quelquefois si dramatique, a toujours bien inspiré ces divers auteurs. Les romanciers eux-mêmes ont trouvé là de riches matériaux pour la composition de leurs attachantes fictions.

Pour moi, je ne dirai de cette histoire que deux mots seulement, ce qui sera nécessaire pour décrire les monuments de la remarquable cité de Dijon, toujours belle, toujours intéressante malgré les malheurs qui l'ont frappée au xv⁰ siècle.

Dijon tire son nom de deux mots celtiques : *div*, deux; *ion*, rivière. Quelques débris retrouvés et antérieurs à l'occupation romaine prouvent que l'emplacement arrosé par l'Ouche et le Suzon était de longue date le siége d'un établissement, le centre d'une population nombreuse faisant partie de la confédération des Eduens. Lorsque César pénétra dans les Gaules, il établit d'abord son camp sur le mont Afrique, situé à peu de distance de la ville; puis, lorsqu'il se fut assuré des dispositions des habitants de la plaine, il y descendit avec ses légions, et fonda le *Castrum Divione*, berceau de la cité qui devait grandir si rapidement. En effet, les querelles entre les Séquanais et les Eduens exposant aux ravages de la guerre le camp devenu ville, Marc-Aurèle répara son enceinte et y ajouta quelques fortifications. On attribue aussi à ce prince l'érection de temples en l'honneur de la Fortune, d'Apollon, dont les Druides avaient accepté le culte sous le nom de Mithra, et de Jupiter, pour lequel les Gaulois avaient une vénération toute particulière (1).

C'est vers la même époque, sous le règne de Marc-Aurèle que le premier apôtre de la Bourgogne, saint Bénigne, reçut à Dijon la couronne du martyre. La persécution ne servit qu'à augmenter le nombre des nouveaux croyants; on creusa des cryptes ou chapelles souterraines pour les assemblées des fidèles et pour la célébration des saints mystères. C'est sur ces emplacements que l'église de St-Etienne et le baptistère de St-Jean furent fondés au commencement du iv⁰ siècle. Dijon, ville chrétienne, relevait de l'évêché de Langres. Les évêques y venaient souvent, et saint Urbain, le sixième évêque, y fixa sa résidence. La conversion des Bourguignons avant leur établissement définitif dans les Gaules épargna aux villes

____

(1) Malte-Brun.

épiscopales une grande partie des calamités de l'invasion. Les premiers rois signalèrent leur prise de possession par de pieuses fondations. En 508 Gondebaud encouragea et aida saint Grégoire, quinzième évêque de Langres, dans la restauration de la crypte qui contenait le tombeau de saint Bénigne.

Lors des sanglants démêlés que suscita le partage de l'héritage de Clovis, la sécurité de Dijon fut assurée par la détermination que prit l'évêque saint Tétrique de refuser l'entrée de la ville à Chramne, l'un des compétiteurs. Grégoire de Tours raconte cet épisode et fait une intéressante description de la ville, qu'il appelle encore *Castrum Divione*; il s'étend sur les charmes de sa position, la fertilité de son territoire, la qualité de ses vins; Il parle de ses murs, de ses tours, de ses portes, mais il ne dit pas un mot des faubourgs, qui n'existaient sans doute pas alors, et ne se formèrent que plus tard.

Depuis les successeurs de Clovis jusqu'à l'avénement des Carlovingiens, Dijon fut la capitale d'une subdivision territoriale et judiciaire désignée par les historiens du temps sous le nom de *pagus Divionensis, territorium Divionense.*

Le titre de comte était déjà donné aux officiers royaux ou gouverneurs spécialement chargés de rendre la justice. Ces comtes toutefois ne doivent point être confondus avec les comtes héréditaires de Dijon, qui ne datent que des successeurs de Charlemagne. Le premier de ces seigneurs fut Manassès de Vergy, contemporain de Richard le Justicier, qui, sous Louis le Bègue, fondait la première dynastie des ducs bénéficiaires de Bourgogne. Ainsi que la plupart des fondateurs de maisons féodales, Manassès dut son élévation et sa célébrité à ses exploits contre les Normands, qui menaçaient incessamment les environs de Dijon et la ville elle-même. Dijon servait alors de lieu de refuge; on y transportait les reliques, les trésors qui n'étaient plus en sûreté dans les villes voisines. Cette réputation ne mit cependant pas la ville à l'abri des entreprises de Bozon, qui s'en empara pour en être chassé par Raoul en 935. Elle était réservée à de plus sérieuses épreuves lorsque la succession du dernier duc bénéficiaire fut disputée par Othe Guillaume et le roi Robert. Un arbitrage fut accepté par les deux parties, et le comté de Dijon fut adjugé à Othe. De cette époque date une ère toute nouvelle pour la capitale comme pour le duché tout entier.

Les ducs héréditaires de la première race vinrent y fixer leur résidence ; alors une nouvelle population se groupa autour de l'ancienne cité. En peu d'années tout l'espace compris entre le vieux castrum et la rivière d'Ouche se trouva couvert de bâtiments. Déjà il était question de fortifier ce vaste faubourg, lorsqu'un incendie le détruisit, au commencement du XIIe siècle, ainsi que le reste de la ville. Les ducs profitèrent de ce sinistre pour rebâtir Dijon sur un plan plus vaste, y comprenant tous les anciens faubourgs.

Sans m'étendre plus longtemps sur l'histoire des ducs bénéficiaires de la première race, je veux vous rappeler quelques noms qui furent justement célèbres. C'est d'abord Hugues Ier qui, pour mettre un frein aux abus du pouvoir même qu'il exerce, ne craint pas de relâcher un des plus fermes anneaux du système féodal. Hugues fait paraître devant lui six de ses plus puissants barons qui, relevés du serment d'obéissance, reçoivent l'ordre de résister, même par les armes, si le duc, oubliant ses serments, viole les usages, libertés et franchises du pays.

Après cette précaution inouïe, il conduit en Espagne sa chevalerie, reprend sur les Maures le royaume d'Aragon, et replace sur son trône don Sanche qu'ils en avaient chassé. Puis, plein de jours et de puissance, il abdique la couronne et va ensevelir dans un cloître, non pas comme Charles Quint d'importuns souvenirs et de récents revers, mais les derniers et paisibles jours d'une glorieuse vie (1).

Vient ensuite Eudes Ier. Il entraine sur ses pas en Syrie une nombreuse armée Bourguignonne, et, après de brillants exploits sous les murs de Tarse, moins heureux qu'Alexandre, il meurt au bord du Cydnus, où succombe également la *perle de la Bourgogne*, sa jeune fille la princesse Fleurine.

L'amitié de saint Bernard recommanderait seule à la postérité la mémoire de Hugues II. Pendant son règne de quarante années il enrichit ses états d'écoles et de fondations utiles, et mérita de ses peuples le nom de Pacifique.

L'entrainement irrésistible qui, dans le milieu du XIIe siècle, poussa, à la voix de saint Bernard, l'Europe sur l'Asie, ne trouva en France que deux opposants. L'un fut Suger, dont le dévouement à la cause sainte ne pouvait être mis en doute. L'autre fut Eudes II, duc de Bourgogne; et ses victoires sur les Sarrazins, auxquels il avait enlevé Lisbonne, lui donnaient ce droit sans danger pour son honneur.

Hugues III donna à ses sujets leur régime municipal établi d'après la fameuse charte de Soissons, qui était alors un modèle sur lequel toutes les populations ambitionnaient de voir organiser leur commune. Les Dijonnais obéirent à cet entrainement général, et, non contents de l'acquiescement de leur seigneur, ils demandèrent au roi Philippe-Auguste une confirmation qui leur fut accordée.

Les garanties consacrées par cet édit, en 1187, furent consolidées encore au siècle suivant par une organisation nouvelle de la mairie, organisation dans laquelle vint s'absorber la vicomté de Dijon.

---

(1) Charles Maillard de Chambure. *Dijon ancien et moderne.*

La dignité de maire, qui demeura élective et qui était conférée tantôt à des membres de la noblesse, tantôt à des bourgeois notables, conserva toute son importance jusqu'à la fin du règne de Louis XIII. Le dépôt des libertés dijonnaises fut défendu contre tout empiétement et maintenu intact par ces dignes dépositaires.

Hugues III, ne pouvant contenir l'impatience de ses barons, se croisa avec eux, et, après le départ de Philippe-Auguste, soutint seul en Palestine les efforts des Sarrasins.

Eudes III, son fils, s'engagea sous les bannières de la sixième croisade, prit Constantinople à la tête de ses archers dijonnais, combattit à Bouvines, où ses troupes décidèrent du gain de la bataille, et, de retour dans ses états, par estime pour ceux dont il avait partagé les dangers et apprécié la valeur, « se consacra, dit le moine » Guilbert, à l'affranchissement de ses hommes et à l'établissement des communes. » Hugues IV ayant confirmé leurs priviléges, ils formèrent d'eux-mêmes leurs bandes à la nouvelle de son départ pour la Palestine, et allèrent bravement payer à la bataille de la Massoure, près de Damiette, la dette de leur reconnaissance, en gagnant à leur duc le royaume de Thessalonique. Pendant ces guerres lointaines, Alix de Vergy, femme de Hugues, gouvernait la Bourgogne, où les femmes étaient restées presque seules, et, *pour descharger le pays de la dépense de sa maison, faisait valoir à Prenois deux charrues à bœufs et cinq moutons.* La dévotion de cette bonne princesse l'avait portée, quelques années auparavant, à se faire recevoir chanoine de la Sainte-Chapelle.

Robert II, à la nouvelle des Vêpres siciliennes, convoqua ses barons et fit appel à ses communes. Soutenu par Othon, comte de Bourgogne, il rétablit les affaires du roi de Naples et tira une éclatante vengeance du massacre des Français.

L'esprit aventureux des croisades était mort avec saint Louis, et désormais les champs de bataille de l'Europe devaient seuls être témoins des prouesses des ducs de Bourgogne. Eudes IV, doit être compté comme le dernier de la première race, puisque Philippe de Rouvre, en qui finit cette dynastie, ne fit que passer sur le trône où il mourut à seize ans. Eudes IV fit preuve, dans les guerres contre les Anglais, d'une bravoure non moins éclatante que celle de ses valeureux Bourguignons qui, « à la saillie de l'ennemi, dit Paradin, semblaient lions affamés courant à la curée. »

Une ère plus glorieuse encore commence pour le duché après sa réunion à là couronne par le roi Jean. Ce prince, quand il fallut donner un maître à ce pays, ne crut pas trop faire que d'en confier les riches provinces à son fils bien aimé Philippe, qui avait gagné à la funeste bataille de Poitiers le beau nom de Hardi, et qui, prisonnier à Londres avec son père, avait fait admirer aux Anglais eux-mêmes la grandeur de ses sentiments. Les ennemis de la France le retrouvèrent bientôt en Artois, en Picardie et en Champagne, où il justifia à leur dépens son fier surnom. Plus tard, les Flamands, ses nouveaux sujets, s'étant révoltés, la commune de Dijon arma à ses frais mille hommes de pied qui « par loyauté et parfaicte amour » suivirent le duc à Rosebeck, et se couvrirent de gloire à cette sanglante bataille.

Tout n'est pas à admirer dans la vie de Jean-sans-Peur, et l'histoire lui reprochera toujours quelques excès. Ce sont d'abord les terribles représailles du pont de Montereau, c'est la prise de Paris et la cruelle justice exercée envers les Armagnacs, c'est son alliance contre Charles VII, etc. Mais les Bourguignons ne se souviennent que de son humeur affable, de sa bienveillance, de son courage à Nicopolis et dans les prisons du Soudan, prisons dont le tirèrent l'affection et les sacrifices de ses peuple. S'il avait traité avec les Anglais, il les avait battus à l'Ecluse, menant lui-même ses *jacquelles vertes* à l'ennemi et le reconduisant à « beaux coups d'épée » jusqu'à la mer. Paris lui-même, tout ravagé par les vengeances de Jean, criait à son passage, en jonchant de fleurs les rues qu'il avait ensanglantées : « Noël ! Vive le duc de Bourgogne, qui abolit les impôts! » Il est vrai que Paris acclame toujours celui qui est pour la ville une occasion de fêtes.

La duchesse Marguerite, renouvelant les exemples de laborieuse simplicité d'Alix de Vergy, dirigeait elle-même la culture de ses terres, ne dédaignant pas de trafiquer de ses troupeaux et de surveiller ses nombreuses « commandises » de vaches. Aussi le peuple bénissait le Duc et Madame, et vivait dans une telle abondance de toutes choses que huit boisseaux de blé ne se vendaient que treize sous quatre deniers de la monnaie de ce temps.

Philippe-le-Bon, en montant sur le trône, sembla d'abord moins occupé des intérêts du duché que du soin de venger sur la France le meurtre de son père. Mais ce dont il faut se souvenir surtout, c'est son retour généreux à la cause presque perdue de Charles VII, dont il épousa la mauvaise fortune avec la conscience de ce qu'il lui en coûterait pour l'améliorer. Le traité d'Arras, qui porta la Bourgogne au dernier degré de sa puissance, fut suivi de l'expulsion des Anglais. A partir de cette époque, Philippe parut s'appliquer à mériter le noble surnom que ses sujets lui avaient donné et que la France confirma. René d'Anjou, duc de Bar, qui fut aussi appelé le Bon par ses peuples de Provence, avait été fait prisonnier par Philippe; celui-ci lui rendit la liberté. Le duc d'Orléans, son rival, était captif en Angleterre depuis la funeste bataille d'Azincourt. Philippe, au récit des malheurs de ce prince, ouvrit ses coffres sans marchander, et paya sa rançon aux Anglais qui, par rancune, la fixèrent à quatre cent mille livres, somme énorme pour l'époque. Vers ce temps il accordait au dauphin, qui fut depuis Louis XI, une hasardeuse hospitalité pour laquelle le roi Charles VII lui adressait ces prophétiques paroles : « Donc bien nourris-tu le renard qui ung jour mangera tes poules ».

Tandis que ses bannières flottaient sur cinq duchés à haut fleuron et quinze comtés, il fondait des universités, défendait les vassaux contre les violences de leurs seigneurs, au hasard de détacher ces derniers de sa cause, comme il lui arriva à l'endroit de Simon d'Angoulevent, sire de Renève, qu'il condamna à une grosse amende pour avoir battu Estienne Souldon. Il ouvrait ce somptueux tournoi qui fut la dernière des grandes fêtes chevaleresques du moyen-âge. Il favorisait les arts, en attachant à sa cour le peintre Van Eyck et le sculpteur Jehan de la Verta, et au milieu du faste et de la générosité qu'il déployait en toute occasion, il remplissait ses coffres de quatre cent mille écus d'or, de douze mille marcs d'argent, et de plus de deux millions de vaisselle d'or, pierreries et livres précieux. Aussi, quand il mourut « il y eut, dit Paradin, plus de larmes que de paroles ; car il sembla que chacun eût perdu son père. »

Charles-le-Téméraire trouvant les coffres pleins et les armées toutes prêtes, ne tarda pas à vider les uns avec l'aide des autres. L'occasion d'entrer en campagne ne se fit pas attendre. Les Flamands, à l'annonce de la mort de Philippe, ne tardèrent pas à relever leurs bannières tant de fois humiliées. Les archers de Dijon, conduits par Charles, déployèrent au combat de Brustan une valeur irrésistible. « Ils étaient embâtonnés de grandes espées, par l'ordonnance que leur avait faicte le duc de Bourgogne, et après le traict passé, ils donnaient de si grands coups de celles espées, que ils coupaient ung homme par le faux du cors, et ung bras et une cuisse selonc que le coup se adonnait ». *(Olivier de la Marche).*

Vers ce temps commencèrent les querelles de Charles avec Louis XI. C'était la force contre la ruse, la politique contre la valeur ; l'issue n'était pas douteuse. Le renard qui devait manger les poules de Bourgogne s'était laissé prendre à Péronne. Pour en sortir, il jura sur les os du bras de M. de Sainct-Leu de garder les conditions proposées par le duc; mais de ce jour on put dire que la Bourgogne avait changé de maitre, car la franchise de Charles était vaincue par l'astuce de Louis XI. Deux batailles contre des paysans mal armés suffirent à l'anéantissement d'une des plus grandes puissances de l'Europe. Une vie comme celle de Charles-le-Téméraire ne pouvait finir que sur un champ de bataille; sa mort devant Nancy ne manqua ni de gloire ni de regrets, même de la part de l'ennemi.

Malgré quelques tentatives malheureuses en faveur de l'héritière de Bourgogne, dont une alliance étrangère compromettait les droits, les grands et riches domaines de Philippe-le-Bon devinrent le partage de Louis XI, qui n'eut plus qu'à vouer à Notre-Dame de Cléry de quoi racheter le faux serment par lui prêté sur « les os du bras de M. Saint-Leu. » Louis XI, devenu possesseur du duché, rendit le parlement sédentaire à Dijon; et, redoutant une explosion des sympathies bourguignonnes en faveur de la princesse Marie, il fit construire, entourer de fossés et flanquer de quatre tours le château dont il n'existe plus aujourd'hui que des ruines. Ce château fut transformé plus tard en prison d'Etat; il renferma dans ses murs la duchesse du Maine, le comte de Mirabeau et le personnage énigmatique connu sous le nom de la chevalière d'Eon.

Louis XII donna comme gouverneur à la province de Bourgogne un seigneur qui y était très populaire, Louis de la Trémouille, le même qui l'avait vaincu et fait prisonnier à la bataille de Saint-Aubin, et à propos duquel il avait prononcé ce mot devenu célèbre : « *Ce n'est pas au roi de France à venger les injures du duc d'Orléans.* » Ce choix fut justifié dans un grand nombre de circonstances.

Le 7 Juin 1595, Henry IV, vainqueur à Fontaine-Française, fit son entrée dans la capitale de la Bourgogne. Il y resta jusqu'à la fin du mois. Le 23, il alluma le feu de la Saint-Jean, et le lendemain il présida à l'élection du maire, se défendant bien d'y exercer la moindre influence.

Le règne de Louis XIII ne fut signalé que par la sédition du Lanturlu, occasionnée par les craintes que conçurent les habitants sur le maintien de leurs priviléges. « Lanturlu » était le refrain d'une chanson. L'air battu sur les tambours devint la marche des révoltés et laissa son nom à la sédition. Louis XIII, venu en personne à Dijon, se montra d'abord très irrité, puis céda aux larmes et aux supplications du Conseil municipal et à l'éloquence d'un avocat nommé Paul Fevret, dont la harangue arracha, dit-on, des larmes au roi lui-même.

Une épidémie qui enleva un très grand nombre d'habitants s'abattit sur le pays en 1652. Le passage de la reine Christine de Suède, de dramatique mémoire, le 27 Août 1656; un premier séjour du roi Louis XIV à Dijon en 1658; une seconde visite de ce prince en Février 1668, lorsqu'il partait pour la conquête de la Franche-Comté, et un dernier séjour de la cour en 1674, lorsqu'une seconde expédition contre cette même province devint nécessaire, tels sont les derniers événements qui se rattachent à l'histoire de Dijon sous l'ancienne monarchie. Pendant la révolution et depuis la population Dijonnaise ne s'est signalée que par son dévouement et sa générosité envers sa chère cité. Peu de villes en France semblaient avoir à perdre autant que Dijon dans l'organisation départementale du territoire, et il en est peu, au contraire, qui aient su tirer d'aussi puissants éléments de prospérité et de développement dans les ressources que l'ère moderne offrait au génie de la nation. (Malte-Brun)

VIII.

Après avoir parcouru bien rapidement l'histoire de la Bourgogne se résumant presque entièrement dans celle de Dijon, il ne nous reste plus qu'à étudier ensemble les monuments, qui sont eux-mêmes comme l'illustration de cette noble capitale ; mais nous serons plus d'une fois attristés en voyant les ruines que le temps et surtout les hommes ont accumulés dans cette belle cité.....

Le premier auteur de ces ruines fut le roi Louis XI, puisque du château ou forteresse qu'il fit construire pour s'assurer la possession de cette riche province il fut lancé sur la résidence des anciens ducs et sur les magnifiques églises de la ville des boulets, qui, en ébranlant les murs du vieux et noble palais, ne tardèrent pas à en amener la ruine. Mais surtout quand arrivèrent les guerres de la Ligue, la citadelle différant d'opinion avec la ville, il y eut entre elles un échange de coups de canon qui fut fatal aux vieilles et caduques murailles du palais. Plusieurs pans de murs s'écroulèrent sous le coup de quelques boulets, et il fut décidé qu'on achèverait la démolition. Vers 1630, il ne restait plus que quelques galeries à droite de la tour ; elles furent démolies en 1638, quand les Etats, qui avaient hérité en Bourgogne de la popularité des ducs, entreprirent, sur les dessins de Noirville, élève de Mansard, d'élever, pour dernier symbole de la puissance indépendante du pays, le palais de la Place Royale. Sur cette Place Royale fut érigée une statue colossale de Louis XIV, fondue par Le Hongre en 1690, mais dont la mise en place ne fut achevée qu'en 1747, par défaut d'engins pour conduire du port d'Auxerre à Dijon cette pièce qui pesait cinquante-deux mille livres. Ce monument fut brisé le 12 Août 1792.

Il ne subsiste plus aujourd'hui de l'ancienne habitation des ducs que la grande tour de la terrasse, dans laquelle, depuis 1778, un observatoire est établi, la tour de Brancion ou de Bar, la grande salle des gardes, les cuisines construites en 1445, et le puits dont l'eau était servie sur la table du duc.

La vaste salle connue sous le nom de salle des gardes

s'étend à l'Ouest jusqu'à la tour, et communique du côté
de l'Est par une galerie construite sous le gouvernement
de M. de Bellegarde avec la tour de Brancion, appelée
tour de Bar depuis la captivité de René d'Anjou, duc de
Bar, qui y fut enfermé avec ses enfants. En outre, la
salle dont on vient de parler conduisait, par la galerie
rouge, à la chambre du comte de Nevers dont le plancher
était garni de nattes de fuerre (paille). On peut juger des
autres salles d'apparat du palais par celle-ci, qui servait
de lieu de réunion aux gardes, et dont l'extrémité est
ornée d'une de ces cheminées, véritables monuments
d'architecture, devant lesquelles un daim tout entier pouvait rôtir, et cinquante chevaliers s'asseoir. Dans cette
belle galerie étaient souvent servis ces banquets somptueux pour lesquels la cour de Bourgogne était sans ri-
vale.

Je lis dans une histoire artistique de la Bourgogne, par
M. Charles de Chambure, quelques détails qui trouvent
tout naturellement leur place ici.

« Les décorations qui embellissaient les fêtes données
par les maîtres de céans n'étaient pas les seules délices
qui fussent offertes aux convives ; le gibier de leurs forests
et le bon vin de leurs vignes de Pomard et de Montrachet
en faisaient la principale richesse. Quant aux menus
d'usage à leur table, et spécialement destinés à affriander
les Dames, on trouverait dans les comptes de ces repas
de curieuses nomenclatures : faisans à la poudre d'or ;
poules de l'Inde braisées, dont la première fut offerte à
la duchesse Marguerite le 12 Novembre 1385 ; gélines au
safran ; pâtés de groseilles ; tartelettes et confitures de
poivre ; anis et aulx confits servis dans de riches dra-
geoirs ; orge pilé ; épinaches (épinards) au sucre rousset ;
blé vert ; oblies ; pots de gingembres verts ; coignardes,
confites de cerises ; verjus de pommes au girofle ; noix
musquettes ; hypocras ; vin d'épices et claret de Gascogne
servi par les pages dans des hanaps d'or et que le duc

buvait à longs traits dans le grand hanap de M. Julius
César, qui fut remis à neuf pour la venue du roi d'Arménie
à Dijon. *(Comptes de Jossel de Halle.1389)*. Après le service, des cure-dents d'argent étaient offerts aux convives, avec une brosse de bruyère et une queue de renard
pour s'épousseter. C'était l'heure attendue où quelques
ménestrel ou poète parasite, introduit dans la haute galerie de pierre qui dominait la salle, chantait pour réjouir
les dames quelque complainte nouvelle; ou bien l'assemblée, se retirant près du foyer, brûlait les allumettes
de jonc qu'il fallait, sous peine de bailler gage, éteindre
d'un coup sans tousser... Les « almanacques » et pronosti-
cations copiées plus tard par Nostradamus, et déjà célèbres et infaillibles comme depuis, servaient de passe-temps
aux femmes et aux jeunes gens, tandis que le Duc et ses
barons devisaient des guerres de Flandre, de l'occision
des Armagnacs ou de leurs faits de chasse. Quelquefois
une petite porte cachée près de la cheminée, et comme
enfouie dans les sculptures de ses piliers, s'entrebaillait
silencieusement, et un homme vêtu de noir, une chaîne
d'or au cou, un livre et une verge à la main, s'avançait
au milieu du cercle attentif et charmé, A cette heure, le
Duc ne laissait, non plus que les plus braves chevaliers,
de prendre rang et de prêter attention. Que prédisait
l'astrologien de M. le Duc? Parlait-il à Jean-sans-Peur
du pont de Montereau ; à Charles, de l'étang de Nancy?...
ses prophéties étaient plus courtoises sans doute, et il en
était royalement payé. Plus tard, les tables étaient dres-
sées, et le duc, appelant à son jeu quelques barbes grises,
perdait à la rafle, au dringuet ou aux dés tout l'argent
de son aumônière, dont le compte exact était inscrit
chaque soir par son trésorier. Heureux quand il ne mettait pas en gage aux mains d'un Juif sa jarretière d'or,
la moitié de sa bonne et belle couronne à fleur de lys, ou
quelqu'autre joyau; car il ne manquait pas d'habiles
joueurs qui savaient se rendre la fortune favorable par
des maléfices. Un des charmes les plus efficaces était une
poudre composée de sang humain, de cuir de bouc tanné,

de corne de cerf et d'os de seiche *(V. Regis. Hôtel-de-Ville,* année 1142)... Cependant, la duchesse, « les pieds sur un tapis velu par forme d'herbe des prés, » filait avec sa quenouille d'ivoire, ou jouait avec ses tourterelles blanches et les paons offerts par la ville de Montbard, tandis que Quoquorée, la folle, lui contait quelques malignes histoires, ou qu'une de ses dames touchait l'orgue portatif acheté en 1393 d'un doyen de Paris.

» La veillée finie, et dès que tintait le long des rues récemment pavées (1393) la clochette des trépassés, Coupetripe, le trompette du duc, sonnait et cornait le coucher de Monseigneur ; sur quoi toute la cour se retirait. Le bon duc montait alors en sa chambre, laquelle était tendue d'écarlate, excepté au temps des couches de Madame, que les lits devaient être garnis de soie verte, et là, s'enfermait seul avec ses écuyers qui, durant son dévêtir, s'employaient à le récréer de quelques lectures de romans ou de chansons à *ajoyer.* Venait ensuite le tour des heures qu'il récitait longuement et dévotement dans sa bible, peut-être celle de Pollequin Manuel, achetée six cents livres en 1402, « à laquelle estait une platine de argent attachée à l'ais du livre, pour mettre ses lunettes, à celle fin que elles ne fussent cassées. » Ensuite, les écuyers allumaient les chandelles en cire verte pour la nuit, et, le prince étant couché avec son aumussed'écarlate, ils serraient dans ses coffres ou bahuts ses robes, colliers, écharpes, etc., qui demeuraient en leur garde jusqu'au lendemain. Cette garde n'était pas inutile, car les habillements du duc étaient d'une grande richesse. » (1)

Le soin de leur sépulture était un de ceux dans lesquels les ducs de Bourgogne s'étudiaient davantage à déployer toute leur magnificence. Une pensée religieuse et d'avenir entourait alors les obsèques et les monuments funéraires

---

(1) M. de Chambure.

d'une pompe préparée d'avance par ceux-là mêmes pour qui ces tristes solennités devaient être célébrées.

Dès l'année 1377 Philippe-le-Hardi avait formé le dessein d'élever, sous les murs de sa capitale, le dernier asile des princes de sa race, et d'en confier la garde à un monastère de Chartreux. Avant cette époque, les ducs de la première race avaient leurs tombeaux au monastère de Cîteaux.

La construction du couvent des Chartreux fut poussée avec tant de zèle, qu'en moins de trois années l'église et les caveaux destinés à recevoir les sépultures ducales furent achevés.

Ces cavaux, placés sous le chœur de l'église, étaient au nombre de trois. Le premier reçut les corps de Philippe-le-Hardi, de Catherine de Bourgogne, duchesse d'Autriche, sa seconde fille ; d'un jeune enfant ; de Catherine et d'Isabelle de Penthièvre, filles du duc Jean, « jeunes » princesses de grand savoir, dit-on, et de sainte conver- » sation, mais si peu favorisées des dons de la nature » qu'un malhonnête archer, nommé Jehan Radot de » Grandfontaine, avait osé dire publiquement que c'é- » taient vraies chouettes sauf les plumes, pourquoi il fut » condamné à cinquante sous d'amende. » (*Manuscrits des Chartres*).

Dans le second caveau reposaient Jean-sans-Peur et Marguerite de Bavière, son épouse. Dans le troisième, Philippe-le-Bon et ses deux femmes, Bonne d'Artois et Isabelle de Portugal. Le corps de Charles-le-Téméraire, enterré d'abord à Nancy, y resta jusqu'en 1550. C'est alors que l'empereur Charles-Quint, son arrière petit-fils, le fit transporter à Bruges, où son mausolée fut placé près du tombeau de Marie sa fille.

Deux tombeaux, chefs-d'œuvre de la sculpture du xve siècle, celui de Philippe-le-Hardi et celui de Jean-sans-

Peur et de Marguerite de Bavière, faisaient le principal ornement de l'église des Chartreux. Ces deux monuments, exécutés en marbre noir et en albâtre, présentent une telle richesse de détails qu'ils échappent à toute description. Une procession composée de grands personnages et de religieux entoure le monument. L'expression et la pose de toutes ces figures sont d'une grande vérité, et ne laisse rien à désirer à l'artiste le plus exigeant. Les galeries découpées à jour, la profusion des colonnettes, des clochetons et des figurines distribuées avec harmonie sur les quatre faces de ces tombeaux, en font deux monuments uniques en leur genre. Je dois ajouter que les têtes des personnages couchés sur les cénotaphes sont d'une ressemblance des plus authentiques.

Les mains impies des patriotes de 1793 mirent ces sépultures en pièces; mais les débris furent soigneusement recueillis et conservés pendant la révolution. Après que ces jours affreux furent passés, le zèle éclairé de MM. Saint-Pierre et Saint-Mémin, aidés des conseils de M. Baudot, archéologue distingué, entreprit la restauration de ces deux monuments. La ville et le département de la Côte-d'Or prirent sous leur protection cette généreuse entreprise, et consacrèrent la somme de 25,000 francs à l'achèvement de cette restauration, qui ne dura pas moins de neuf années. Alors ces tombeaux précieux à tant de titres furent livrés à l'admiration publique dans la salle des gardes.

Parmi les œuvres d'art les plus remarquables renfermées au couvent des Chartreux, je ne dois pas manquer de signaler un don bien précieux du duc Philippe-le-Hardi ; Je veux parler de ce charmant petit monument connu sous le nom de Puits de Moïse, dont on ne voit plus aujourd'hui, dans l'hospice des aliénés, que le piédestal d'une croix qui s'élevait au milieu du puits. Il fut construit en 1399. Ce puits avait vingt-deux pieds de diamètre, le piédestal, entouré d'eau, qui s'élevait au milieu, présen-

tait un hexagone orné des statues de Moïse, David,
Jérémie, Zacharie, Daniel et Isaïe; il était jadis surmonté d'une croix de pierre de vingt-trois pieds de
hauteur. Les sculptures étaient dues au ciseau de maître
Sluter.

Le couvent de la Chartreuse n'existe plus. A sa place le
visiteur ne trouve plus qu'un musée d'hisoire naturelle
fort riche, et un jardin botanique parfaitement entretenu.
C'est dans ce jardin que l'on peut voir un des géans du
règne végétal, le peuplier noir. — Cet arbre a 12 mètres
de tour, mesuré à 30 centimètres au-dessus du sol; à
2 mètres 30 du sol, il a 7 mètres 25 de tour; enfin, à 6
mètres de hauteur, il mesure 6 mètres 55. Il se bifurque
à 8 mètres de hauteur; la plus grosse branche a 5 mètres
90 de tour, l'autre 4 mètres seulement. Son volume est
évalué à 55 mètres cubes. La hauteur totale est de 36
mètres. Ce peuplier est très ancien, puisqu'il était déjà
remarqué au temps de Charles le Téméraire. Il en fut fait
alors un dessin qui est précieusement conservé dans les
archives du département.

Les églises St-Etienne et St-Bénigne revendiquent
l'une et l'autre l'honneur d'avoir été bâtie la première
sur le sol habité par les Romains. Pendant très longtemps
l'examen de ces prétentions contradictoires resta infruc-
tueux; mais depuis un demi-siècle à peu près les études
archéologiques s'étant développées ont répandu leur lumière sur cette affaire, et aujourd'hui tout porte à croire
que c'est à l'ancienne église St-Etienne qu'appartient la
gloire d'avoir été le premier temple élevé par les Chrétiens encore peu nombreux. Cette église fut construite
vers le milieu du IVe siècle, sur une crypte qui avait servi
de refuge aux premiers disciples du Christ pendant les
persécutions des derniers empereurs romains.

Dans le XIIe siècle, elle était le siége d'une importante
abbaye de l'ordre de St-Augustin. Elle fut sécularisée en

1613 et érigée en cathédrale en 1731. Vers 1604, il fallut la démolir presque entièrement ; on songea à la reconstruire sur les dessins de Noirville, mais elle ne fut terminée qu'en 1721. Aujourd'hui elle sert de halle au blé !

Le cadre de cette étude ne me permet pas de parler de toutes les églises si nombreuses et si remarquables qui donnaient à Dijon, au xv⁰ siècle, un caractère singulier de grandeur et de majesté. Et puis, il est toujours pénible de ne présenter que des ruines, œuvre des révolutions.... Dijon en compte plus que toute autre ville de même étendue. Je ne vous parlerai que de celles qui sont encore debout ; encore vivantes, si je puis m'exprimer ainsi.

Je dois commencer par St-Bénigne, puisque St-Bénigne a succédé à St-Etienne comme cathédrale.

En dehors des murailles que les Romains avaient élevées pour défendre la cité, un lieu désert servait de refuge aux premiers Chrétiens qui avaient entendu la bonne parole apportée par Bénigne. Les préceptes religieux étaient pratiqués dans une crypte, au-dessus de laquelle on éleva un temple après la mort du saint apôtre, et lorsque la paix fut donnée à l'Eglise, autour de cet édifice se forma un village du nom de Saint-Bénigne, où se réfugièrent en peu d'années une notable partie des habitants du castrum, désireux de placer sous la protection de l'abbaye qui venait de se fonder en ce lieu ce qui restait des anciens souvenirs et de la liberté du pays.

La fondation de l'abbaye de Saint-Bénigne devança de près de deux siècles l'établissement de la monarchie française. Elle fut marquée, disent les vieilles chroniques, par des prodiges des plus remarquables.

Après le martyre de Saint-Bénigne, Grec d'origine, et venu de Smyrne dans les Gaules avec Polycarpe, Thyrse et Andoche, vers l'an 150, son corps, recueilli par la pieuse Léonille, fut enseveli dans la crypte même où il avait

coutume de réunir les premiers fidèles convertis par lui.
Les miracles opérés sur son tombeau y attiraient tous les
Chrétiens de la contrée ; cependant l'ignorance de ces
âges reculés et l'infidélité de la tradition avaient, dès les
premières années du vi^e siècle, laissé perdre le souvenir
de l'apostolat de Saint-Bénigne ; et quand saint Grégoire,
évêque de Langres, voulut savoir, en 506, quelles cendres
reposaient sous ce tombeau, objet de tant de vénération,
ceux mêmes qui s'y prosternaient ne purent le dire ; de
sorte que l'évêque, pensant que c'était la sépulture d'un
Druide, en interdit le culte sous des peines sévères. Mais,
dans la nuit suivante, le saint lui apparut et lui apporta
de la part de Dieu l'ordre de bâtir une église en ce lieu.
Grégoire se rendit à cet avertissement du ciel et jeta,
peu de jours après, les fondements du temple dans lequel
on enferma, avec les reliques de Saint-Bénigne, les actes
de son martyre, que l'on envoya chercher à Rome. Vers
le même temps, des voleurs ayant voulu enlever un
cierge qui brûlait près du saint tombeau, un serpent sortit
aussitôt de la voûte sépulcrale, et s'élançant autour du
cierge en défendit l'approche aux profanateurs. Un autre
miracle, arrivé pendant la reconstruction de la crypte,
acheva de rendre célèbre ce souterrain. Un matin, le
tombeau de Saint-Bénigne, sur lequel s'élevait l'autel,
se trouva en dehors de la chapelle, à quelques pas de
l'entrée, sans qu'il fut possible d'expliquer comment il en
était sorti. (1)

L'église bâtie par Saint-Grégoire, étant achevée en 535,
fut consacrée dans cette même année. Peu après, les
premiers religieux de l'abbaye y furent établis ; ils
sortaient de Saint-Jean-de-Reome, et suivaient la règle
de Saint-Macaire.

Sous l'abbé Guillaume, en 1001, cette vieille église
menaçant ruine fut reconstruite en entier. Les travaux

---

(1) M. de Chambure.

furent poussés avec une grande rapidité, et seize années
après elle put être consacrée. Ce bel édifice, construit en
forme de rotonde, renfermait un nombre considérable de
colonnes, dont la plupart faites de marbres les plus précieux, avaient orné les temples payens.

Deux siècles plus tard, la chûte d'une tour qui surmon-
tait la partie de l'église réservée aux religieux endom-
magea gravement la rotonde ; elle fut réparée, il est vrai.
Enfin l'abbé Hugues d'Arc, aidé des secours du Duc,
entreprit, le 7 Février 1280, la construction de l'église
actuelle, et lui donna des proportions beaucoup plus
grandes que celles de l'ancienne. Il choisit, pour en faire
la première pierre, le marbre creusé dans lequel le saint
martyr avait eu les pieds brûlés avec du plomb fondu,
et que les Dijonnais conservaient avec un grand respect.

Dans les siècles suivants, cette église subit, comme il
est facile de le reconnaitre en étudiant son état actuel,
diverses restaurations considérables, que quelques incendies avaient rendues nécessaires. Le 22 Juin 1506, et le 23
Février 1625, la foudre détruisit les tours et les clochers,
qui, après plusieurs autres désastres, furent remplacés,
en 1742, par la flèche qui existe encore aujourd'hui. Cette
flèche, mal construite, s'est *spiralisée* en vieillissant. Il
serait bien à souhaiter qu'elle fût détruite, et qu'une nouvelle — mais en pierre — prit sa place. Quant à la rotonde,
le défaut d'entretien en avait depuis longtemps compromis
la solidité quand ce précieux monument fut détruit en
exécution des lois révolutionnaires.

L'intérieur de l'église renferme un grand nombre de
tombeaux, dont quelques uns sont très remarquables. On
y voit aussi un buffet d'orgues fort estimé.

La crypte a été tout dernièrement dégagée, à la grande
joie des fidèles, des archéologues et des artistes.

Dans le voisinage de Saint-Bénigne, dans le quartier

dit : *quartier de la Chrétienté*, deux églises furent construites à la même époque. C'était d'abord Saint-Philibert,
dont certaines parties existent encore, surtout une porte
du plus beau *roman*, si remarquable en Bourgogne, et
rappelant certaines archivoltes de l'église de Vézelay et
de Paray-le-Monial. C'était ensuite Saint-Jean. On sait
que jadis c'était un usage commun dans les Gaules
d'affecter, comme cela se pratique encore en Italie, une
église spéciale pour l'administration du baptême. Saint-
Jean, fondée vers 173 par saint Bénigne, selon les
manuscrits de l'abbaye, fut destiné, dès l'année 343, après
les obsèques de Saint-Urbain, évêque de Langres, à
servir de baptistère au quartier de la Chrétienté. C'est
par une tradition de cet ancien usage qu'on donnait encore
dans le dernier siècle au chef de chapitre de Saint-Jean
le titre, fort envié des autres curés, de doyen de la
Chrétienté. L'église actuelle date du milieu du XVe siècle.
Philippe-le-Bon, Philippe Machefoin, son conseiller,
N. Dumay et Marguerite Dubled consacrèrent à ce monument des sommes considérables. Commencé le 13 Mai
1447, il fut achevé en Août 1455.

Après avoir subi bien des profanations il a été tout
dernièrement rendu au culte.

Son architecture n'a rien de remarquable, le portail
seul mérite l'attention de l'artiste.

Dès l'année 1178, l'église Notre-Dame jouissait du titre
de première paroisse de la ville, mais l'élégant édifice
que nous admirons aujourd'hui fut élevé au commencement du XIIIe siècle. C'est un des plus beaux spécimens
de l'architecture de cette belle et religieuse époque. Le
portail présente une grande originalité et en même temps
une grande noblesse. Cette ancienne église possédait
depuis un temps immémorial une statue de la sainte
Vierge, sculptée grossièrement en bois noir, à laquelle on
attribuait un grand nombre de miracles. Connue d'abord
sous le nom de Notre-Dame-du-Marché, plus tard sous

le nom de Notre-Dame-de-l'Apport, elle reçut, en 1513, lors du siége de Dijon par les Suisses, le nom de Notre-Dame-de-Bon-Espoir. Cette statue, placée dans une chapelle voûtée qui ne fut démolie qu'en 1698, était entourée des plus riches offrandes, que la piété des princes et des peuples y avait amassées.

Ce fut cette ferveur envers la Vierge noire, comme on l'appelle encore à Dijon, qui concilia à cette église la protection des ducs de Bourgogne, sans laquelle les paroissiens n'auraient pu en achever la construction, qui ne fut réellement terminée qu'au xve siècle. Lorsque j'y ai passé on y faisait de très importantes réparations, surtout au portail.

Sur la tour, à droite, fut placée en 1383 l'horloge enlevée à la ville de Courtray par Philippe-le-Hardi, et donnée par ce prince à celle de Dijon. Cette horloge est appelée : *Famille Jacquemart;* elle est surmontée de trois personnages qui sonnent les heures, demi-heures et quarts.

« Le duc de Bourgogne, dit Froissart, fit oster un hor-
» loge qui sonnait les heures, l'un des plus beaulx qu'on
» seus trouver de çà ou de là la mer ; et celuy horloge
» fit tout mettre par membres et pièces sur chart et la
» cloche aussi, lequel horloge fut amené et charroyé en
» la ville de Digeon en Bourgogne, et fut là remis et assis,
» et y sonne les heures, 24 entre jour et nuict, et nuict
» et jour. »

Les Dijonnais aimaient leur Jacquemart ; c'était pour eux une sorte de palladium, et les poètes le célébraient dans leurs ouvrages. Changenet, vigneron poète de la fin du xve siècle, composa en son honneur un poème intitulé: *Mairiage de Jacquemar,* où il dit en son vieux langage :

> Jacquemart de rien ne s'étonne ;
> Le froid de l'ivar, et l'automne,
> Le chau de l'étai, du printam,
> Ne l'on su rendre maucontan.
> Qu'il pleuve, qu'ai noge, qu'ai grole,
> Il é sai tête dans sai canle,
> Et le deu pié dans se soulé;
> Ai ne veu pas sôti de lai.

L'église Saint-Michel, bien que voisine de Saint-Etienne, était encore à la fin du ix° siècle en dehors de l'étroite enceinte de Dijon. Dès l'année 898, elle jouissait du titre de basilique, tout en se reconnaissant dépendante de Saint-Etienne. Au commencement du xi° siècle, Garnier de Mailly, abbé de Saint-Etienne, la fit rebâtir entièrement.

Le 17 Juillet 1497, les paroissiens assemblés, comme c'était l'usage, sur le cimetière de leur paroisse, entendirent le discours que leur adressa un des chapelains sur la nécessité de rebâtir ce vieux temple, dont la ruine était imminente ; puis, chacun levant son chaperon par forme de consentement, la construction de l'église fut votée, et les travaux, commencés immédiatement, furent poussés avec une grande ardeur et persévérance. Elle fut consacrée par Philippe de Beaujeu, évêque de Bethléem.

Ce beau monument, dans le style de la Renaissance, est un des plus remarquables de cette époque. Le caractère distingué de son portail, l'élégance de ses tours et l'avantage de sa position forment l'un des principaux ornements de la ville.

Je ne puis passer sous silence un fait qui se rattache à la place que l'on voit en avant de l'église. C'est là que la chevalerie errante reçut le coup mortel dans la personne de son dernier représentant, que le Maïeur de Dijon osa faire arrêter par ses sergents et jeter en prison comme un vilain qui aurait volé une poule. Les registres de la ville donnent à ce sujet les détails les plus curieux. On y lit qu'un matin, le 8 Août 1450, les bourgeois de Dijon furent bien étonnés de voir clouée à une potence, sur le marché de Saint-Michel, « une image d'ung homme pendu les pieds hauts et assailli cruellement par d'aucuns diables laids et fâcheux à voir ; au bas duquel homme estoit escript : « *Estort du Sol, qui a menty sa foy...*» Le Maïeur, informé du fait, vint en personne interroger l'homme armé qu'on avait vu attacher cette image. Il dit qu'il s'appelait Jehan

Boniface, « *et estoit chevalier adventureux*, poursuivant comme tel et en vertu de sa bonne *chevalerie adventureuse* un sien ennemy qui lui avait menty sa foy, comme le monstroit l'imaige. » Le Maïeur, sourd à ces raisons, le fit prendre par ses sergents pour le mettre en la geôle. Toutefois, le soir même, le maréchal de Bourgogne, averti de la mésaventure du chevalier errant, et plus miséricordieux que le magistrat municipal, obtint de ce dernier la liberté du prisonnier, qui fut seulement condamné, sous de grosses peines, à ne plus planter ses emprises de défi sur les terres franches de la commune. Et dès lors on n'entendit plus parler des chevaliers errants et de leurs prouesses.

Il n'entre pas dans le plan que je me suis tracé de vous parler en détail de tout ce que Dijon renferme de curieux et d'intéressant pour l'antiquaire ou pour l'artiste : plusieurs volumes suffiraient à peine ; car tout ce qui appartient à l'architecture civile mériterait une description très détaillée.

Ce serait d'abord l'*Hôtel Mineure*, édifice de la fin du XVIe siècle, dont les quatre petites tourelles produisent le plus charmant effet.

Ce serait la remarquable cour de l'hôtel de Vogué avec ses quatre baies si richement ornementées.

Je vous parlerais aussi de la maison de la rue de la Vannerie, ainsi que de la maison *aux cariatides*, et de celle qu'on nomme Milsand. Le Palais de Justice mériterait une description toute particulière, mais ce serait surtout la cour de l'*Hôtel Chambellan*, avec son splendide escalier *sculpté à jour*, d'une finesse et délicatesse extrême que je voudrais pouvoir décrire dans ses plus petits détails.

Toutes ces belles constructions appartiennent généralement au XVIe siècle, et contribuent à faire de la capitale de la Bourgogne une des villes les plus intéressantes de la France.

La beauté et la variété de ses promenades en font aussi une des plus agréables à habiter. Je sais bien que les personnes qui ont vécu dans les villes bruyantes, dissipées, toutes remplies de désœuvrement et de luxe, auraient beaucoup de peine à s'habituer à la vie de cette charmante cité. Ici, on ne craint pas d'être écrasé par les voitures : les habitants savent encore marcher, et les mères de famille ne connaissent point le *brouettage* des enfants, ainsi qu'il est pratiqué dans certaines grandes villes.... et cela au détriment de la santé et du développement des forces de ces chers petits êtres. Je devrais ajouter, que les mères qui refusent de porter leurs enfants se privent d'une des plus douces jouissances qu'il soit donné à la femme de goûter.

En parcourant les promenades, où toute la population se donne rendez-vous le dimanche, j'ai remarqué le bon goût qui présidait à la toilette des Dijonnaises. Elles ne s'habillent point en exagérant les modes qui leur viennent de Paris ; elles les modifient avec un art et un goût que je n'ai pas été le premier à remarquer.

Lorsque cette même population se groupe nombreuse et serrée autour de l'estrade où sont réunis les musiciens appartenant à la garnison militaire de Dijon, c'est pour y puiser les émotions que l'on trouve toujours lorsqu'on sait comprendre la bonne musique, et non pas pour y parler toilette, ou déchirer son prochain à belles dents — ainsi que nous le voyons dans notre bonne ville.

Ce que je dis pourra paraître exagéré ; mais je puis affirmer que c'est l'exacte vérité. Du reste, Dijon n'est pas la seule ville où j'aie fait cette remarque.

Parmi les divertissements et les jeux établis à Dijon pendant le moyen-âge, je ne puis passer sous silence l'institution si chère aux habitants et connue sous le nom de : la « *mère folle de Dijon.* » Fondée par les princes de la maison de Clèves, elle atteignit toute sa splendeur, tout son éclat vers le milieu du xve siècle.

Son but était le plaisir. Elle le cherchait non seulement dans les banquets, où chaque membre apportait son plat, et où la bride était lâchée à toutes les imaginations, mais aussi dans les mascarades qu'elle promenait à travers la ville. Elle se livrait souvent à des représentations satiriques sur les hommes et sur les choses.

Ces sortes de réunions et de représentations, parfois trop bruyantes et toujours trop licencieuses, amenèrent souvent des répressions dont la « *mère folle* » ne tenait aucun compte. Une ordonnance de police du 1er Juillet 1677 prononça la suppression de cette compagnie.

Après Paris, Dijon est peut-être la ville qui a produit le plus de personnages distingués dans tous les genres ; citons seulement : Philippe-le-Bon, Jacques-Bénigne Bossuet, les évêques Cortois de Pressigny et Langlet de Gergy ; les magistrats et jurisconsultes Godran, Durey de Noinville ; les littérateurs Févret de Fontette, de Boullemain, l'abbé Leblanc, Saumaise, Crébillon-le-Tragique, les deux Piron ; le compositeur Rameau, le maréchal de Vauban ; — et parmi les contemporains : Maret duc de Bassano, l'amiral Roussin, Louis Viardot, Radet le vaudevilliste, l'acteur Johanny, Madame Ancelot.

C'est aussi dans cette ville qu'est né notre cher et honoré collègue, M. Clerc.

IX.

Pendant mon séjour à Dijon, j'ai été visiter deux endroits très intéressants, situés à une très petite distance de cette ville : ce sont le village de Fontaine-lès-Dijon et Talant.

La route qui conduit à Fontaine est très accidentée ; il faut monter toujours et pendant près de trois quarts d'heure. On trouve sur cette route et sur celle qui conduit à Talant une grande variété de fleurs. J'y ai cueilli l'œillet sauvage, d'un rouge très éclatant. Mais j'ai surtout remarqué l'épine-vinette, de la famille des berbéridées, dont le fruit — charmante petite baie rouge, ovoïde, — sert à faire le raisiné dit « de Bourgogne. » Cet utile arbuste est extrêmement répandu dans toute la contrée.

Arrivé au sommet de la montagne, on découvre une étendue immense de pays, et de l'aspect le plus varié, le plus pittoresque. Deux édifices se partagent la possession de ce plateau ; c'est l'église et le château.

L'église remonte au XIIe siècle ; mais ne présente pas un grand caractère ; il y a cependant quelques parties très curieuses, surtout quatre groupes symboliques, sculptés à la naissance de la flèche. Cette église menace ruine : car étant élevée sur la partie la plus avancée de la montagne, sujette en cet endroit à des éboulements, elle sera bien certainement, dans un temps prochain, entraînée dans le précipice... On y fait des travaux de consolidation ; mais je doute qu'ils soient suffisants. La perte de cette vieille église serait fort regrettable. Je n'aime pas à voir disparaître ces nobles témoins du passé.

L'autre édifice, qui tient sur la montagne compagnie à la respectable église, est un château relativement moderne, c'est-à-dire datant du commencement du XVIIe siècle. Il remplace un ancien château-fort qui a joui dans son temps et jouit encore d'une grande célébrité. C'est là que naquit, l'an du Christ 1091, saint Bernard. Il eut pour père Tescelin Sorus, seigneur de Fontaine, et pour mère Alèthe, fille de Bernard, seigneur de Montbard. Il paraît, d'après les parties restantes du château, et d'après quelques anciens titres, que ce *castrum* se composait principalement de cinq tours, dont trois au levant et deux au couchant. Le manoir proprement dit pouvait être au milieu, et communiquait plus ou moins ostensiblement avec ces cinq tours, qui elles-mêmes pouvaient être habitées.

Du reste, nous n'avons point la prétention de décider que tel était le vrai plan ou le « vray pourtrait du chastel » de Tescelin Sorus, seigneur de Fontaines et père de » sainct Bernard. » (1) On n'a rien trouvé jusqu'ici de bien positif sur *l'ensemble* de cette habitation seigneuriale; rien sur la forme des deux tours du couchant, et presque rien sur les trois tours *carrées* situées au levant.

Voici cependant ce que nos recherches nous permettent de dire au sujet de ces trois dernières tours, qui sont les plus véritablement intéressantes, puisqu'elles avoisinent ou enclavent la chambre natale de Saint-Bernard. (2)

Deux d'entr'elles, celle de droite et celle de gauche, étaient construites sur la même ligne, et formaient comme deux *pavillons* séparés mais semblables, ayant la même largeur et la même hauteur.

Celle du milieu, au contraire, était reculée de plus de trois mètres ; et sa façade avait, en largeur, le double de la façade des deux autres. On suppose qu'elle était *crénelée* à son sommet; et que c'est elle que les anciens titres désignent sous le nom de : *la grosse tour de Fontaines* ou *la tour de Monsieur sainct Bernard.* Il n'en reste que deux murs, à moitié démolis, celui du levant et celui du couchant. Ils ont environ quatre pieds d'épaisseur. C'est dans leur enceinte que le roi Louis XIII fit élever un monument, au lieu même où était située la chambre natale de saint Bernard.

La tour de droite subsiste presque intacte ; à part le comble qui, tombant en ruines, fut reconstruit au commencement du XVIIe siècle.

---

(1) D'après un manuscrit de la bibliothèque de la ville de Dijon.

(2) D'après un plan dessiné en 1574.

Cette tour était appelée : la *tour d'entrée*. En effet, au rez-de-chaussée, on voit le cintre d'une large porte ; la rainure où se mouvait la herse ; les gonds sur lesquels tournaient deux solides battants ; des murs de trois à quatre pieds d'épaisseur ; une voûte en pierre, formant une espèce de porche ; enfin, presque au bout de ce porche, un couloir ou corridor s'ouvrant de biais à main droite, et conduisant à la *grosse tour*. Au-dessus de la porte on lisait encore en 1689 (1) cette inscription : « Venez mes enfants ; je vous introduirai dans la maison » de mon père, et dans la *chambre* où ma mère m'a en- » fanté. » Cette porte est aujourd'hui masquée dans le corridor par un escalier ; mais son embrasure, en pierre de taille blanche, a été conservée. Elle aboutit dans le sanctuaire, où elle forme un *placard* pour les missels et autres objets servant au culte.

Les architectes de Louis XIII nous ont *garanti*, le plus possible, *l'identité* de la chambre natale de saint Bernard, puisqu'ils n'ont disposé que *d'un seul mur* ou *d'un seul côté de cette chambre*, pour le remplacer par une arcade *fleurdelisée*, qui forme le portique de ce vrai sanctuaire, et qui l'unit assez bien au corps de l'édifice.

On est donc certain de posséder dans ce sanctuaire non seulement *l'emplacement*, mais *l'enceinte*, et aussi la *forme* même de cette « nue et simple chambre, » qui était primitivement « basse et carrée. » (2) Elle n'a reçu son élévation actuelle et sa forme octogone que dans le cours du siècle dernier, lorsque, par ordre des Pères Feuillantins, qui habitaient ce lieu célèbre, quatre petits pans de maçonnerie furent élevés, dans les quatre angles, pour soutenir une espèce de dôme, qui fut probablement brûlé à l'époque de la révolution, ou vendu avec les belles colonnes de marbre, les chapiteaux d'albâtre, et les autres

---

(1) Voyage de Dumont en France.

(2) Dumont, dans la lettre datée de Dijon (1689).

ornements corinthiens du monument édifié par Louis XIII. (1)

Talant, situé à quatre kilomètres environ de Dijon, n'est plus qu'un lieu sans importance, mais où l'archéologue trouve encore de précieux restes à étudier.

Sous les Carlovingiens, Talant était une petite ville appelée : *Castrum Talentiorum*. Le château appartenait aux ducs de Bourgogne. Jean-sans-Peur l'affectionnait tout particulièrement à cause de la beauté de son site, un des plus remarquables de la Bourgogne. Les Ligueurs s'en emparèrent en 1595. Le vicomte de Tavanes, qui en était gouverneur, exigea pour sa reddition 1000 écus d'or. Plus tard il fut démoli entièrement par ordre de Henri IV.

L'église est du xv siècle. On prétend qu'il existe dans ce lieu un souterrain qui communiquait avec le palais des Ducs ; j'en doute, à cause de la hauteur de la montagne où est situé ce petit village.

Avant de quitter Dijon, je voulus faire une dernière visite au musée de tableaux, un des plus beaux et des plus riches de France. Je désirais y terminer une copie de la perle de ce musée : c'est un tableau du Dominiquin, Saint-Jérôme en prières.

Le plus pénible me restait à faire ; c'était de me séparer de mon savant et dévoué compagnon de voyage ainsi que de sa bien aimée famille. Nous nous dîmes adieu, ou plutôt au revoir, avec un grand serrement de cœur...

En montant en voiture, je ne pus m'empêcher de me rappeler ces vers de Lamartine :

> Ne pourrons nous jamais, sur l'océan des âges,
> Jeter l'ancre un seul jour ?...

---

(1) Tous ces détails sont extraits d'une petite brochure que l'on trouve chez M. l'abbé Renaut, à Fontaine-lès-Dijon.

www.ingramcontent.com/pod-product-compliance
Lightning Source LLC
Chambersburg PA
CBHW061359060726
47597CB00003B/920